理解から応用へ
大学での微分積分 I

理解から応用へ
大学での微分積分 I

藤田 宏 著

岩 波 書 店

まえがき

　本書は，大学の初年級で学ぶ解析の教科書／学習書であり，1変数および多変数の微積分法を主な内容としている．

　高度技術が普及し情報化が進行している現在の社会では，伝統的に文系とみなされていたいくつかの分野を含め，諸々の専門分野で仕事をし知的な活動を営むために，いままでのどの時代にも増して数理の素養，さらには数学的な知性が必要とされる．

　この時代の要請に応えるための数学の学習・教授の仕方については，数学の確かさを見失ってはならないのは当然であるが，的確に将来の活用を志向しての展開が工夫されるべきであろう．本書においては，明確な概念の把握，実感のもてる事実の納得，さらに信頼できる方法の理解を目標として，上記の趣旨にそっての解析概論を展開したつもりである．

　あわせて著者が配慮したことは，高校における微積分の学習と大学におけるそれとの接続である．日本は高校での微積分が最も普及している国の一つであり，とくに大学入試を経て進学したであろう読者は，微積分法の運用に関して相当なレベルに達しているはずである．基礎が厳密でないとか，問題解法に傾斜し過ぎているとかのそしりはあっても，高校で身につけた微積分の知識と自信を大学レベルでの解析の学習に活かさない法はない．

　そうしながら，応用を支える確かな知識と発展的な思考力の育成に向けて学生を導くことが親身な教授法なのであろう．どれだけ成功したかは別として，本書，特に一変数の微積分を扱った第Ⅰ巻では，この気持ちで話を進めた．そのせいで，"語り口"が冗長となったり，話題の採否・精粗が偏っているかもしれない．一方，大学での微積分に固有な内容である多変数の微積分を主とする第Ⅱ巻では，基本的な概念の理解と方法の納得に焦点をあわせながら一般性への"展望"に務めた．

　本書はコンピュータや高機能電卓を直接用いる学習を含んでいない．紙面の

制約もその理由であるが，主には，これらの「利器」の活用は，微分方程式や数値解析等となじんでから，「数理による現象の解明」の立場で総合演習的に学習することが望ましいと判断したからである．

最後に，本書の前身は1993-1995年に「岩波講座 応用数学」の一環として刊行された『基礎解析 I, II』である．そこでの共著者であった今野礼二教授による構想や工夫が少なからず本書において活かされていることを同教授への敬意と共に述べるものである．また，その頃以来，親身に本書の刊行の面倒を見て下さった岩波書店の吉田宇一，永沼浩一の両氏に謝意を表したい．

2003年 春

藤 田 　宏

練習問題と演習問題についての注意

読者が，本書の各章の本文を注意深く読み，含まれる具体例などについて必要と思われる局所的な再構成を自ら試みるならば，それだけで安心して先に進める理解と基礎的な応用能力をマスターできるはずである．

そうはいうものの，各章末には，学習の進行に比較的小刻みにあわせて理解を確認するための「練習問題」，および，学習がまとまったところでの腕試しや理解の深化を目的とする「演習問題」が付されている．

これらの解答は巻末に収録されているので，各読者の都合に合わせて（自力での解答との事後の答え合わせ，あるいは事前のヒントなどに）利用されるとよい．

目次

まえがき

第1章　1変数関数の微分法──その要点と補足── 1
 §1.1　関数の挙動 2
  (a)　分数関数 2
  (b)　指数関数 20
  (c)　三角関数 32
 §1.2　関数の極限 39
  (a)　いろいろな関数の極限値 39
  (b)　連続性の見直し 41
  (c)　関数の極限の見直し 45
 §1.3　数列の極限 52
  (a)　数列の極限の見直し 52
  (b)　数列の極限の存在条件 60
 §1.4　導関数とその計算 67
  (a)　片側微分係数 68
  (b)　関数の微小変化と微分係数 69
  (c)　高次導関数 69
  (d)　積の高次導関数 71
  (e)　関数の合成と導関数 72
 §1.5　平均値の定理とその応用 78
  (a)　平均値の定理の幾何学的表現 78
  (b)　平均値の定理とその拡張 78
  (c)　関数の増減と導関数の符号 81
  (d)　極大・極小 82

(e)	不定形の極限値への応用	84
(f)	凸関数への応用	85

§1.6 Taylor の定理 88
 (a) Taylor 展開 90
 (b) Taylor 展開の例 91
練習問題 95
演習問題 98

第2章　1変数関数の積分法——その要点と補足—— 103

§2.1 積分の基礎の概念 103
§2.2 定積分の性質と計算法 107
 (a) 被積分関数に関する線形性 107
 (b) 積分区間の加法性 107
 (c) 部分積分法 108
 (d) 置換積分法 109
 (e) 大小関係と定積分 110
§2.3 広義積分 113
§2.4 広義積分（つづき） 118
 (a) 広義積分の存在条件 118
 (b) いくつかの代表的な広義積分 124
§2.5 定積分の定義の見なおし 130
練習問題 137
演習問題 139
練習問題のヒント／略解 143
演習問題解答 149
索引 171

第 II 巻目次

第 3 章　関数列の極限
第 4 章　多変数関数の微分法——その要点と展望——
第 5 章　多変数関数の積分法——その要点と展望——
付録

記号と番号付けについて

本文中に付した記号および番号については，以下を参考のこと．

記号：
■　証明の終わり
□　例，定理などの終わり
□　要点(および要点・補足)の終わり
#　やや難度の高いことを表わす．要点，証明などに付した．

番号：
1. 例，定義，定理，要点および図，本文中の式に付けた番号 ($l.m.n$) は，それぞれの類につき，l 章 m 節における n 番目のものを表わす．
2. 範例は例と一括して番号付けられている．要点・補足は要点と一括して番号付けられている．

数式フォントについて：
本書の数式記号のなかには，微分を表わす $\frac{\mathrm{d}y}{\mathrm{d}x}$ の d や自然対数の底 e，虚数単位 i のように，通常の数学書とは異なり立体のフォントが用いられているものがある．これらは工学系に支持者の多い伝統的流儀の一つであるが，本書に用いられているのは，本書の前身が「岩波講座 応用数学」に所属していた名残りである．「諸分野とのつきあいの幅を広げる」を言い訳として今回も敢えて修正しなかった．

第1章

1変数関数の微分法
——その要点と補足——

　まえがきにも記したように，わが国は後期中等教育，すなわち高等学校における微積分法の教育が最も普及している国の一つである．したがって，本書のすべての読者が，簡単な関数を対象としての微分・積分の演算やそれらの応用についての基本的な知識を学習済みであるとみなしても大丈夫であろう．

　章の標題における"補足"の主旨は，このような高等学校レベルでの微積分法の知識を意識したものであるが，観点は二様である．すなわち，微積分法に対してのせっかくの"なじみ"と"自信"を活かすように話をすすめ，理解の効率を高めよう，また実のある内容に早目に到達しようというのが第一の観点である．もう一つの観点は，応用を目指す立場から見ても，応用数学のすべての分野の基礎を支える微分・積分法の役割の広さと，現代的な応用に登場する数学的方法の本格化を考慮するとき，高等学校流の運用術の域をこえて，"しっかりとした基礎"を身につけてほしいという願いである．豪華で多目的な建造物を構築しようとするときは，大らかで真面目な基礎工事が必須であろう．

　ただし，"応用"を特に目指す解析の基礎では，**概念**の実感のこもる理解と**事実**の明快な把握が断然とした主目標である．記述の一般性や証明の厳密さは，それ自体を目的とするのではなく，このような目標に必要なかぎりにおいて付き合ってもらうことにする．この気持の現われが，章の標題における"要点"の語である．

§1.1 関数の挙動

Newton による創始以来，微積分法の主な任務は，変化を数学的対象として表現する関数のふるまいの考察である．高等学校以来の知識の復習をかねて，いくつかの関数の挙動を考察しよう．

(a) 分数関数

範例 1.1.1 まず

$$y = f(x) = \frac{4x}{x^2+4} \qquad (-\infty < x < +\infty) \tag{1.1.1}$$

について考える．この関数のように 多項式/多項式 の形に表わされる関数を (高等学校では俗に**分数関数**とよんだが)，**有理関数**という．(1.1.1)の後半の括弧書きは，関数 f の**定義域**，すなわち変数 x の変域が実数全体であることを示している．もし

$$y = f(x) \qquad (0 \leq x < +\infty) \tag{1.1.2}$$

と書けば，関数 f の定義域を(あえて制限して)非負の実数全体として考察することを宣言したことになる．

$$y = f(x) \qquad (0 < x < 1) \tag{1.1.3}$$

と書いた場合の関数 f の定義域は，0 と 1 との間の実数全体，すなわち開区間 $(0,1) = \{x \mid 0 < x < 1\}$ である．

さて，(1.1.1)にもどろう．任意の実数 x に対して

$$f(-x) \equiv -f(x) \tag{1.1.4}$$

が成り立つことがわかる．このようなとき，関数 f は**奇関数**とよばれる．奇関数のグラフでは，グラフ上の任意の点 (a,b) に対して，その原点に関する対称点 $(-a,-b)$ もグラフ上の点である．よって，一般に奇関数のグラフは，原点に関して対称である．

ついでながら，

$$g(x) = \frac{4x^2}{x^2+4} \qquad (-\infty < x < +\infty) \tag{1.1.5}$$

については，任意の実数 x に対して
$$g(-x) \equiv g(x) \tag{1.1.6}$$
が成り立つ．このようなとき，関数 g は**偶関数**であるという．偶関数のグラフは，y 軸に関して対称である．

関数 f は奇関数であるから，その増減を調べたり，グラフをえがいたりするには $x \geq 0$ の範囲を考察すればよい．$x \geq 0$ における $f(x)$ の値の範囲を求めよう．$f(0) = 0$ であるが，$x > 0$ の範囲では $f(x) > 0$ となることは式から明らかである．一方
$$\lim_{x \to +\infty} f(x) = \lim_{x \to +\infty} \frac{4}{x + \frac{4}{x}} = 0 \tag{1.1.7}$$
である（(1.1.7) の了解の仕方は高校のときと同じでよい）．したがって，$x \geq 0$ における $f(x)$ の最小値は 0 である．すなわち
$$\min_{x \geq 0} f(x) \equiv \min \{f(x) \mid x \geq 0\}$$
$$= f(0) = 0 \tag{1.1.8}$$
ここで用いたが，x の変域 S における $f(x)$ の最大値 (maximum) および最小値 (minimum) を，それぞれ
$$\max_{x \in S} f(x) \quad \text{あるいは} \quad \max \{f(x) \mid x \in S\}$$
および
$$\min_{x \in S} f(x) \quad \text{あるいは} \quad \min \{f(x) \mid x \in S\}$$
で表わす．

さて，$f(x)$ の $x \geq 0$ における最大値を求めよう．f の導関数 f' を求めて，その符号により f の増減を判定する（高校の微分法のハイライト）．**商の微分の公式**（もし未習であれば，後出の節で学ぶことにして，とりあえず結果を受け入れて読みすすむのがよい．以下同様）を用いれば
$$f'(x) = \frac{4 \cdot (x^2 + 4) - 4x \cdot 2x}{(x^2 + 4)^2} = \frac{16 - 4x^2}{(x^2 + 4)^2}$$
$$= \frac{-4(x-2)(x+2)}{(x^2 + 4)^2}$$
これより（高校ならば増減表を書くところだが，そこまではしない！），$x \geq 0$ の

範囲では，0から2までは$f(x)$は増加し，2から先は減少となることがわかる．したがって，

$$\max_{x \geq 0} f(x) = f(2) = \frac{8}{4+4} = 1 \qquad (1.1.9)$$

よって，変域$x \geq 0$に対する$y=f(x)$の値の範囲は

$$0 \leq y \leq 1 \qquad (1.1.10)$$

である．fが奇関数であることを用いると，$x \leq 0$における$y=f(x)$の値の範囲は

$$-1 \leq y \leq 0 \qquad (1.1.11)$$

となる．

結局，$f(x)$のもともとの変域$-\infty < x < +\infty$にもどって考えれば，関数値$f(x)$の全体の集合，つまり，関数fの**値域**(range)は

$$-1 \leq y \leq 1 \qquad (1.1.12)$$

で表わされる集合である．すなわち，fの値域は閉区間$[-1, 1]$であり，この両端値$-1, 1$は，それぞれfの最小値，最大値である．

関数fのふるまいは，図1.1.1のようなグラフ，すなわち曲線$y=f(x)$をえがけば一目瞭然である． □

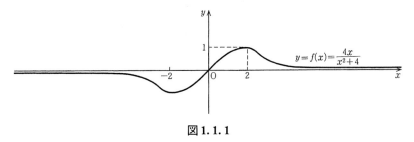

図1.1.1

要点1.1.1 xを変数(**自変数**)とする関数$y=f(x)$において，xの変域Sを関数fの**定義域**(domain of definition)という．

関数fの値域Rは，次の集合である．

$$R = \{f(x) \mid x \in S\} = \{関数値の全体\}$$

Rが最大数(最小数)を持てば，それが関数fの最大値(最小値)である．したがって，fの最大値Mであるとは，

§1.1 関数の挙動

$$f(x) \leqq M \quad (\forall x \in S) \tag{1.1.13}$$

が成り立ち，かつ，

$$f(a) = M \tag{1.1.14}$$

となる a が S の中に存在することである．

(1.1.13)における記号 $\forall$ は**全称記号**，あるいは，**for all 記号**とよばれ，$\forall x$ は"すべての x に対して"の意味である．ただし，"$\forall x \in S$"における"$\in S$"は後に置かれているが，これは x の限定語で，"$\forall x \in S$"は「S に属するすべての x に対して」と読む(英語では，for all x in S あるいは for all x belonging to S となる)．

なお，(1.1.13)と同じ内容を表わすのに，

$$\forall x \in S, \quad f(x) \leqq M \tag{1.1.15}$$

と書くことがある．これは，「S に属するすべての x に対して $f(x) \leqq M$ が成り立つ」と読む．S の範囲が了解されているときには

$$\forall x, \quad f(x) \leqq M$$

と書いてもよい．

$\forall$ と対照的な役割をはたす記号に $\exists$ (**特称記号，存在記号，there exist 記号**)がある．たとえば

$$\exists x, \quad f(x) = 2$$

と書けば，$f(x) = 2$ となるような x が存在するという意味である．言いかえれば，(少なくとも)ある(ひとつの) x の値に対して $f(x) = 2$ が成り立つことである．この意味で，$\exists x$ を「ある x に対して」と読む．

さらに

$$\exists x \in S, \quad f(x) = 2$$

の意味は，"S に属するある x に対して $f(x) = 2$ が成り立つ"ことである．すなわち，"$f(x) = 2$ となる x が S の中に存在する"という意味である．

最大値を特長づける 2 番目の条件は，$\exists$ を用いれば

$$\exists a \in S, \quad f(a) = M \tag{1.1.16}$$

と書くことができる．文字 a を他の文字でおきかえても(1.1.16)の意味するところは変わらない(このようなとき，文字 a は**ダミーである**という)．特に文字 a の代わりに x を用いれば，(1.1.16)は

$$\exists x \in S, \quad f(x) = M$$

となる.

$\forall, \exists$ を用いて，m が関数 f の最小値であるための条件を書けば，次のようになる．すなわち

$$\forall x \in S, \quad m \leq f(x) \tag{1.1.17}$$

かつ，

$$\exists x \in S, \quad m = f(x) \tag{1.1.18}$$

である． □

要点 1.1.2 関数の定義域や値域を考える際に，基本となる集合のタイプは**区間**である．ひとことで言えば，区間は，与えられた二つの実数の間にあるすべての実数の集合であるが，両端を含むかどうかによって，呼び名が異なっている．

いま，a, b は $a < b$ を満たす実数とする．このとき，集合 $\{x \mid a < x < b\}$ を，a, b を**端点**とする**開区間**といい，記号 (a, b) あるいは記号 $]a, b[$ で表わす．端点 a, b は開区間 (a, b) には含まれない．

一方，集合 $\{x \mid a \leq x \leq b\}$ は a, b を端点とする**閉区間**とよばれ，記号 $[a, b]$ で表わされる．すなわち閉区間はその両端点を含んでいる．

端点の一方だけを含む区間を**片開きの区間**(どういうわけか，片閉じとは言わない)という．すなわち，$\{x \mid a < x \leq b\}$ は記号 $(a, b]$ で表わされる左開きの区間であり，$\{x \mid a \leq x < b\}$ は $[a, b)$ で表わされる右開きの区間である．

$(a, b), (a, b], [a, b), [a, b]$ を一括して区間という．

$a = b$ の場合，$(a, b), (a, b], [a, b)$ は(無理に考えても)空集合であるが，$[a, b]$ は 1 点 $a = b$ を含んでいる．このような場合も閉区間に含めるかどうかは，前後関係と趣味による．本書では特に断らなければ含めないことにしよう．両端点が含まれるかどうかは区間のタイプによるが，区間を数直線上で表示すれば線分となる(図 1.1.2)．この線分の長さ $b - a$ を**区間の長さ**という．

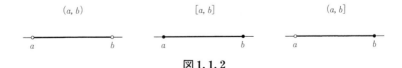

図 1.1.2

§1.1 関数の挙動

実数 a より大きい実数の集合 $\{x \mid a<x\}$ は，形式的に記号 $+\infty$ を用いて $(a, +\infty)$ と表わし，開区間の一種とみなす．同様に，$(-\infty, a) = \{x \mid x<a\}$ も開区間の一種である．これらは長さが無限であるので**無限区間**とよばれる．さらに $[a, +\infty)$, $(-\infty, a]$ なども無限区間である．また，実数全体 $(-\infty, +\infty)$ も無限区間の一種であると考える．

無限区間に対して，長さが有限の(ふつうの)区間を**有限区間**，あるいは**有界区間**という． □

有理関数のその他の例について考察しよう．

範例 1.1.2 ここでは，変域は実数全体であるとして

$$g(x) = \frac{4x^2}{x^2+4} \quad \text{および} \quad h(x) = \frac{x^3+2x^2+8}{x^2+4}$$

を考察する(係数がやや人工的であるが気にしない)．$g(x)$ は例 1.1.1 に顔を出した偶関数である．任意の実数 x に対して $x^2 \geq 0$ であるから

$$g(x) \geq 0 \quad (\forall x \in (-\infty, \infty)) \tag{1.1.19}$$

かつ，$g(0)=0$ も明らかであるから，g の最小値は 0 である．一方，

$$4x^2 < 4x^2+16 = 4(x^2+4)$$

であるから

$$g(x) < 4 \quad (\forall x \in (-\infty, \infty)) \tag{1.1.20}$$

である．(1.1.20) は等号を含んでいないから $g(x)=4$ となるような x は存在しない．しかし，

$$\lim_{x \to +\infty} g(x) = 4, \quad \lim_{x \to -\infty} g(x) = 4 \tag{1.1.21}$$

であることは，容易にわかる．実際，

$$g(x) = \frac{4x^2+16-16}{x^2+4} = 4 - \frac{16}{x^2+4}$$

と書いてみれば，x^2 が増加するにつれて(すなわち，点 x が原点から遠ざかるにつれて)，$g(x)$ は増加しつつ 4 に接近していく．

これより，関数 g の値域 R_g は

$$R_g = \{y \mid 0 \leq y < 4\} = [0, 4) \tag{1.1.22}$$

で表わされる片開きの区間であることがわかる(図 1.1.3)．

関数 g に対して，4 はその最大値ではない．しかし

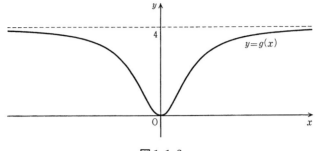

図 1.1.3

$$g(x) \leqq 4 \quad (\forall x)$$

が成り立つ意味で，関数値の**上界**である．しかも，4 より小さなどんな数，たとえば，3.999 をとってもそれを超える $g(x)$ の関数値が存在するので，この数は $g(x)$ の上界ではない．すなわち 4 は関数値 $g(x)$ の**最小の上界**である．最小の上界のことを**上限**という．4 は関数値 $g(x)$ の上限である（これを単に関数 g の上限とよぶこともある）．

一般に，S を定義域とする関数 f の上限が k_0 であるとは，

$$f(x) \leqq k_0 \quad (\forall x \in S) \tag{1.1.23}$$

が成立する一方で，k_0 より（少しでも！）小さな数 β をとれば

$$\beta < f(x'), \quad x' \in S \tag{1.1.24}$$

であるような x' が存在することである（このような x' が存在しなければ，β が f の関数値の上界となり，k_0 が最小の上界であることに反してしまう）．

たとえば，$\beta = k_0 - \dfrac{1}{n}$ としたときの x' を一つえらんで x_n と書くことにすれば，

$$k_0 - \frac{1}{n} < f(x_n) \leqq k_0 \quad (n=1, 2, \cdots)$$

であるから，

$$\lim_{n \to \infty} f(x_n) = k_0 \tag{1.1.25}$$

が成り立つ（図 1.1.4）．

すなわち，k_0 が関数 f の上限であるとき，$f(x_0) = k_0$ となるような x_0 が定義域 S の中に存在するとは限らないが（存在すれば，k_0 は f の最大値である！），

§1.1 関数の挙動

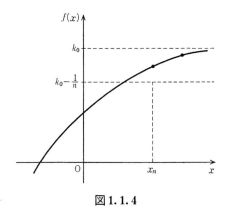

図 1.1.4

S の中のしかるべき点列にそって関数値を作っていけば，k_0 は極限値として到達されるのである．この意味で，上限は"最大値もどき"である．なお，記号としては，S における $f(x)$ の上限を

$$\sup_{x \in S} f(x) \quad \text{あるいは} \quad \sup\{f(x) \mid x \in S\} \tag{1.1.26}$$

で表わす．

"最小値もどき"は**下限**とよばれる．すなわち，S を定義域とする関数 f の下限が l_0 であるとは，l_0 が関数値 $f(x)$ の最大の下界であることである．したがって，

$$l_0 \leqq f(x) \quad (\forall x \in S)$$

が成り立つ一方で，

$$\lim_{n \to \infty} f(x_n) = l_0$$

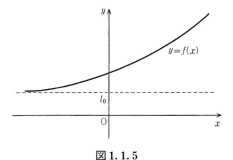

図 1.1.5

となるような S の中の点列 $\{x_n\}$ が存在することになる(図1.1.5).

下限を表わす記号は

$$\inf_{x \in S} f(x) \quad \text{あるいは} \quad \inf\{f(x)\,|\,x \in S\} \tag{1.1.27}$$

である.

関数 $h(x)=(x^3+2x^2+8)/(x^2+4)$ の考察に移ろう. この関数のふるまいを調べるには(分子を分母で割り算して商と余りを求めて),

$$h(x) = x+2-\frac{4x}{x^2+4} \tag{1.1.28}$$

と変形する. 右辺の分数式は例 1.1.1 の関数 $f(x)$ と一致している. よって, h のグラフは直線 $y=x+2$ と例 1.1.1 の関数のグラフとを"図の上で引き算"することにより簡単にえがくことができる(図1.1.6).

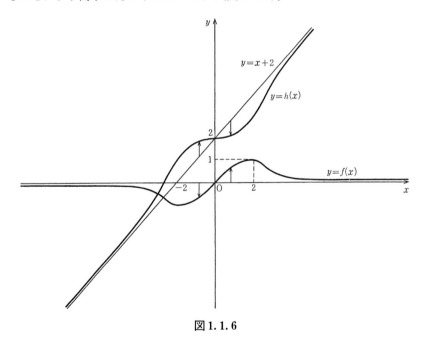

図 1.1.6

グラフから関数 h は定義域全体 $-\infty<x<+\infty$ において**増加**していること, すなわち, **増加関数**であることが察せられる. このことは導関数 h' が**定符号**(符号変化しない)であることからもわかる.

$$h'(x) = \frac{(3x^2+4x)(x^2+4)-(x^3+2x^2+8)2x}{(x^2+4)^2}$$

$$= \frac{x^4+12x^2}{(x^2+4)^2} \geq 0$$

一方，h の値域は実数全体と一致している．関数値 $h(x)$ の**上界**($h(x) \leq U$ ($\forall x$) となるような定数 U)は存在しないし，**下界**($L \leq h(x)$ ($\forall x$) となるような定数 L)も存在しない．なお，一般に，ある関数の関数値の上界(下界)が存在するとき，その関数は**上に**(**下に**)**有界**であるという．いま考えている関数 h は上にも下にも有界でない．さらに，ある関数が上にも下にも有界であるときは単に**有界**であるという．例 1.1.1 の f および例 1.1.2 の g はどちらも有界な関数である．

$h(x)$ のグラフの考察にもどろう．図 1.1.6 によれば，関数 h のグラフと直線 $y=x+2$ とは，原点から遠いところでは，限りなく接近している．この意味で直線 $y=x+2$ は曲線 $y=h(x)$ の**漸近線**である．このことは，解析的には次の関係からわかる．

$$\lim_{x \to +\infty} \{h(x)-(x+2)\} = 0$$
$$\lim_{x \to -\infty} \{h(x)-(x+2)\} = 0 \tag{1.1.29}$$

たとえば，$x \to +\infty$ としたときのように，変数をある値に近づけたり，無限遠にとばしたりするときの関数のふるまいを，関数の**漸近挙動**という．漸近挙動を表わすのに **Landau の記号** O, o が用いられる．

α を実数の定数とするとき，

$$R = o(x^\alpha) \qquad (x \to +\infty) \tag{1.1.30}$$

と書けば，その意味は

$$\lim_{x \to +\infty} \frac{R}{x^\alpha} = 0 \tag{1.1.31}$$

である．α の正負により，(1.1.31)の意味を分類すれば次のようになる．

$\alpha > 0$ ならば，$x^\alpha \to +\infty$ ($x \to +\infty$) であるが，R はそれよりは無限大への増大度がおそい量，すなわち x^α よりも**低位の無限大**である．

$\alpha < 0$ ならば，$x^\alpha \to 0$ ($x \to +\infty$) であるが，R はそれよりも減少が速い量，すなわち x^α よりも**高位の無限小**である．

$a=0$ のときは，$o(x^a)$ の代わりに $o(1)$ と書く．したがって，$R=o(1)$ は，$x\to +\infty$ につれて，R が 0 に収束することを意味する．

これにならうと，たとえば (1.1.29) は
$$h(x) = x+2+o(1) \qquad (x\to +\infty) \tag{1.1.32}$$
と書くことができる．さらに $|x|>2$ では，等比級数の和の公式から
$$\frac{4x}{x^2+4} = \frac{4x}{x^2\left(1+\frac{4}{x^2}\right)} = \frac{4}{x}\left(1-\frac{4}{x^2}+\frac{16}{x^4}-\cdots\right)$$
と書けることを用いると (1.1.28) より
$$h(x) = x+2-\frac{4}{x}+o\left(\frac{1}{x}\right) \qquad (x\to +\infty) \tag{1.1.33}$$
がわかる．(1.1.33) は，$h(x)$ と $x+2$ の差の主な部分が $-\dfrac{4}{x}$ である（他の部分はそれよりも高位の無限小である）ことを意味していて，(1.1.32) よりも詳しい情報を伝えている．

増大・減少の大体の程度を表現するためには，大文字 O を用いた記号が登場する．たとえば，
$$S = O(x^a) \qquad (x\to +\infty) \tag{1.1.34}$$
の意味は，$x\to +\infty$ のとき，S/x^a が有界であること，すなわち（十分大きな）x_0 の値と定数 M をえらべば，
$$\left|\frac{S}{x^a}\right| \leqq M \qquad (\forall x \geqq x_0) \tag{1.1.35}$$
が成り立つことである．

例を挙げれば，$x^2+1, (x+1)^2, 5(x+1)^2$ はすべて $x\to +\infty$ のとき，$O(x^2)$ である．

$a>0$ ならば，(1.1.34) は S が x^a と**同程度以下の無限大**であることを意味し，$a<0$ ならば，S が x^a よりも**同程度以上の無限小**であることを意味している．特に $a=0$ の場合，すなわち
$$S = O(1) \tag{1.1.36}$$
は，$x\to +\infty$ のとき，S が有界であることを意味する．

(1.1.33) およびその上方の展開式から

§1.1 関数の挙動

$$h(x) = x+2+O\left(\frac{1}{x}\right) \qquad (x \to +\infty) \qquad (1.1.37)$$

$$h(x) = x+2-\frac{4}{x}+O\left(\frac{1}{x^3}\right) \qquad (x \to +\infty) \qquad (1.1.38)$$

のように書くことができる．(1.1.37)は，(1.1.33)よりも粗い情報であるが，h と $x+2$ との差が $\frac{1}{x}$ の定数倍でおさえられることは伝えている．(1.1.38)は，(1.1.33)よりも精しい情報，すなわち $h(x)$ は大きな x に対しては $x+2-\frac{4}{x}$ で良く近似され，その誤差は $\frac{1}{x^3}$ の定数倍でおさえられることを示している．

上のような使い方の o, O を，それぞれ Landau の小さなオー(small oh)，大きなオー(large oh)とよぶ．これらの記号の使い分けは得られた情報とその使いみちによる． □

要点・補足1.1.3（実数の集合の上限・下限） 例1.1.2では上限・下限などの説明を関数値に関して行なったが，本来，それらは実数の集合に対する概念である．以下，**R** で実数全体を表わし，S をその部分集合とする．

ある実数 U が S の**上界**であるとは，S に属するすべての数 y に対して，$y \leq U$ が成り立つこと，すなわち

$$\forall y \in S, \quad y \leq U \qquad (1.1.39)$$

が成り立つことである．上界をもつ集合を**上に有界な集合**であるという．U が S の上界であれば，U より大きな数はすべて S の上界である．

同様に，ある実数 L が S の**下界**（かかい）であるとは，S に属するすべての数 y に対して，$L \leq y$ が成り立つこと，すなわち

$$\forall y \in S, \quad L \leq y \qquad (1.1.40)$$

が成り立つことである．下界をもつ集合を**下に有界な集合**であるという．L が S の下界であれば，L より小さな数はすべて S の下界である．

S が上にも下にも有界であるときは，単に S は**有界な集合**であるという．

例1.1.3 $A=\{x \in \mathbf{R} \mid x^2<4\}$，$B=\{x \in \mathbf{R} \mid x^3 \leq 8\}$，$C=\{x \in \mathbf{R} \mid x^3>8\}$ と定義すると，$A=(-2,2)$ であるから A は有界な集合である．2以上の数は A の上界であり，-2 以下の数は A の下界である．$B=(-\infty, 2]$，$C=(2, +\infty)$ であるから，B は上に有界であるが，下に有界ではない．逆に，C は下に有界であるが，上に有界ではない．2以上の数は B の上界であり，2以下の数は C

の下界である.　　　　　　　　　　　　　　　　　　　　　　　　　□

問 実数の集合 S に関して次のことを示せ.
(i) S が有界であることと, 次のような正数 M が存在することとは同値である.
$$|y| \leq M \quad (\forall y \in S)$$
(ii) S が有界であることと, S を含む有界区間が存在することとは同値である.

さて, S のある上界 U_0 が実は S に属する数ならば, U_0 は S の**最大値**(最大数)である. 同様に, S の下界 L_0 が S に属しているならば, L_0 は S の**最小値**(最小数)である.

S が上に有界であるとき, その最小の上界を S の**上限**といい,
$$\sup S, \quad \sup_{y \in S} y, \quad \sup\{y \mid y \in S\}$$
などで表わす. 同様に, S が下に有界であるとき, その最大の下界を S の**下限**といい,
$$\inf S, \quad \inf_{y \in S} y, \quad \inf\{y \mid y \in S\}$$
などで表わす. S が最大数(最小数)をもてば, それは S の上限(下限)でもある.

例 1.1.4 例 1.1.3 の A, B, C についてみてみよう(図 1.1.7). A の最大値, 最小値は存在しないが, $x=-2$ が下限, $x=2$ が上限である. B の上限 2 は B の最大値でもある. また, $x=2$ は C の下限であるが最小値ではない.　□

図 1.1.7

関数の上限, 下限は, その関数の値域に対して上の用語法を適用したものである. 同様に, 実数の数列 $\{a_n\}$ に関する上界, 下界, 上限, 下限などの意味は, 数列の項全体の集合に対して上の用語法を適用したものである.

さて, U_0 を集合 S の上限としよう. n を任意の自然数とするとき, 区間 $\left(U_0 - \dfrac{1}{n}, U_0\right]$ に S の数 y' が少なくとも一つ含まれている. もしそうでないと

すれば，$U_n = U_0 - \frac{1}{n}$ を超える S の数が一つもないことになり，U_n が S の上界となって U_0 の最小上界性に反するからである．よって，このような y' の一つをえらんで，y_n と書くことにする．すなわち

$$U_0 - \frac{1}{n} < y_n \leq U_0, \quad y_n \in S \quad (n=1, 2, \cdots) \quad (1.1.41)$$

であるような数列 $\{y_n\}$ が存在することになる．明らかに

$$\lim_{n \to \infty} y_n = U_0$$

である．すなわち，次の定理が成り立つ．

定理 1.1.1 U_0 を集合 S の上限とするとき，S の点列で U_0 に収束するものが存在する．同様に，L_0 を集合 S の下限とするとき，S の点列で L_0 に収束するものが存在する． □

さて，S が上に有界でなければ，上界が一つもないのであるから，最小上界である上限は存在しない．逆に，上に有界ならば上限は存在するだろうか．結論は肯定的である．すなわち，次の基本定理が成り立つ．

定理 1.1.2（上限・下限の存在） 上に有界な（下に有界な）実数の集合 S は上限（下限）をもつ． □

後になって，この定理から高校以来なじみの（証明なしに使ってきた！）"有界な単調数列（増加数列，減少数列）は収束する"を証明してみせるが，この定理自体は，実数の厳密な定義に依存するので，本書では証明なしに受け入れることにする．ただし，数を有理数に限れば上の定理が成り立たないことは次の反例からわかる（したがって，実数の本性が関与する定理であることが納得できる）．

反例 $\mathbf{Q}$ で有理数の全体を表わす．有理数の世界に限っても，上界，下界，上限，下限の定義は同様である（登場する数がすべて有理数であるとの了解のもとに）．いま，$S = \{x \in \mathbf{Q} \mid x^2 < 2\}$ とおく．S は上にも下にも有界である．たとえば，$U = 1.42$ は S の上界であり，$L = -1.42$ は S の下界である（平方して 2 との大小をくらべればよい）．しかし，S は有理数の世界では上限，下限を持たない．実数の世界で S の上限，下限となる $\sqrt{2}, -\sqrt{2}$ が有理数の世界から抜けているからである．そのため，$\sqrt{2}$ より小さな有理数 β を上限に採用しよ

うとすれば，β よりも大きな（$\sqrt{2}$ に近づけばよい！）有理数が S の中に存在するために β は上界ではないし，逆に，$\sqrt{2}$ よりも大きな有理数 γ を上限に採用しようとすれば，γ より小さくて $\sqrt{2}$ よりも大きな有理数が存在して，γ は最小の上界であることに反してしまうからである。 □

要点 1.1.4（Landau の記号への補足） $x \to a$ を考えているとき，
$$R = o(|x-a|^\alpha)$$
$$S = O(|x-a|^\alpha)$$
は，それぞれ

(ⅰ) $\displaystyle\lim_{x \to a} \frac{R}{|x-a|^\alpha} = 0$

(ⅱ) $\dfrac{|S|}{|x-a|^\alpha}$ が $x \to a$ のとき有界

の意味である．したがって，たとえば
$$f(x) = g(x) + o(|x-a|^\alpha) \qquad (x \to a)$$
は，$\alpha > 0$ ならば，$f(x) - g(x)$ が $|x-a|^\alpha$ よりも高位の無限小であることを表わし，
$$f(x) = g(x) + O(|x-a|^\alpha) \qquad (x \to a)$$
は，$f(x) - g(x)$ が $|x-a|^\alpha$ と同程度以上の無限小であることを表わしている。なお，挙動が同じならば異なる量に対しても同じ記号 $o(|x-a|^\alpha), O(|x-a|^\alpha)$ を用いるので，

"$R_1 = o(|x-a|^\alpha), R_2 = o(|x-a|^\alpha)$ ならば，$R_1 + R_2 = o(|x-a|^\alpha)$"

"$R = O(|x-a|^\alpha)$ のとき，$10R = O(|x-a|^\alpha)$"

などは正しい文章である．この意味で，Landau の記号は関数記号 $f(\cdot), g(\cdot)$ などとは異なる． □

範例 1.1.5 関数
$$f(x) = \frac{x^3 + 16}{x} = x^2 + \frac{16}{x} \tag{1.1.42}$$
の定義域をできるだけ広くとれば
$$\{x \in \mathbf{R} \mid x \neq 0\} = (-\infty, 0) \cup (0, +\infty) \tag{1.1.43}$$
である．
$$f(x) = x^2 + o(1) \qquad (|x| \to +\infty)$$

であるから，$x \to +\infty$，あるいは $x \to -\infty$ のとき，関数 $y=f(x)$ のグラフは放物線 $y=x^2$ に漸近する．一方，

$$f(x) = \frac{16}{x} + O(x^2) \qquad (x \to 0)$$

であるから，

$$x \to +0 \text{ のとき}, \quad f(x) \to +\infty$$
$$x \to -0 \text{ のとき}, \quad f(x) \to -\infty$$

である．ここで(高校で学んだことであるが)，$x \to +0$ は，x を右から 0 に近づけること，$x \to -0$ は，x を左から 0 に近づけることを意味している．

以上から，$y=f(x)$ のグラフの大体の様子がわかるが，さらに導関数を計算して増減を調べると

$$f'(x) = 2x - \frac{16}{x^2} = \frac{2x^3 - 16}{x^2} = \frac{2(x-2)(x^2+4x+4)}{x^2}$$

であるから，$x=2$ で極小になっていることがわかる．よって，関数 f のグラフの概形をえがけば次のようになる(図 1.1.8)．y 軸は曲線 $y=f(x)$ の漸近線になっている．また，f の値域は実数全体である．

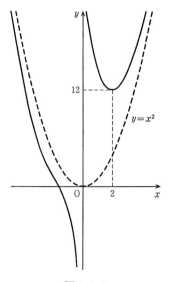

図 1.1.8

例 1.1.1, 例 1.1.2 で扱った分数関数との著しい差異は, この関数が $x=0$ において**特異性**をもっていることである. $x=0$ は f の定義域に含まれていないだけでなく, $x \to 0$ のとき, $|f(x)| \to +\infty$ になっている. □

要点・補足 1.1.5（関数の連続性） 高校で学んだことであるが, 関数 f が定義域に属する点 $x=a$ において**連続**であるとは, $\lim_{x \to a} f(x)$ が存在し, その値が $f(a)$ と一致することである. すなわち

$$f \text{ が } x=a \text{ で連続} \iff \lim_{x \to a} f(x) = f(a)$$

したがって, 定義域に属する点 $x=a$ で関数 f が**不連続**であるのは, $\lim_{x \to a} f(x)$ が存在しなかったり, 存在しても $f(a)$ と一致しないときである.

$x=a$ で不連続であっても, $\lim_{x \to a+0} f(x) = f(a)$ が成り立てば, 関数 f は $x=a$ で**右連続**であるという. ここに, $\lim_{x \to a+0} f(x)$ は x を a の右から近づけたときの極限値, すなわち**右方極限値**である. 同様に, 関数 f が $x=a$ で**左連続**であるとは**左方極限値** $\lim_{x \to a-0} f(x)$ が $f(a)$ と一致することである. 右連続かつ左連続であれば, ふつうの意味で連続である（図 1.1.9）.

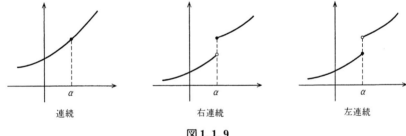

図 1.1.9

定義域の各点で連続な関数は**連続関数**とよばれる. したがって, 関数 f が**開区間** $I=(a,b)$ **で連続**であるとは, I の各点 x において $\lim_{h \to 0} f(x+h) = f(x)$ が成り立つことである. さらに, f が**閉区間** $K=[a,b]$ **で連続**であるとは, K の内部の任意の点 x において $\lim_{h \to 0} f(x+h) = f(x)$ が成り立つだけでなく, 端点については

左端点で右連続, すなわち $\lim_{x \to a+0} f(x) = f(a)$,

右端点で左連続, すなわち $\lim_{x \to b-0} f(x) = f(b)$

がともに成り立つことである（図 1.1.10）.

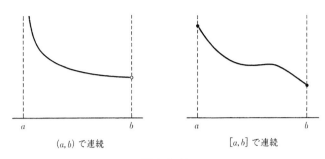

図 1.1.10

　関数 f が開区間 (a,b) で連続であるというだけでは，x が端点に近づいたときのふるまいについては何の制約もない．したがって，開区間で連続な関数については，有界であるかどうかもわからない．これに対して，有界閉区間で連続な関数は必ず有界である．この事情を正確に述べると次の定理の形になる．その証明はいささか高度であるので付録（第 II 巻末）で略記することとし，しばらくは事実として受け入れることにする．

定理 1.1.3　有界閉区間 $[a,b]$ において連続な関数の値域は有界閉区間である．　□

系 1.1.1（最大・最小値存在の定理）　有界閉区間において連続な関数 f は，最大値 M および最小値 m をもつ（このとき，f の値域は閉区間 $[m,M]$ である）．　□

定理 1.1.4（中間値の定理）　f が区間 $[a,b]$ において連続ならば，この区間において f は $f(a), f(b)$ の中間にある値をすべてとる．　□

定理 1.1.5　開区間を定義域とする関数 f が連続関数ならば，その値域 R は区間である（ただし，f が定数関数ならば，ただ一点である）．このとき，R が有界区間であるか，無限区間であるか，さらに開区間，閉区間，片開き区間のどれになるかは場合による．　□

例 1.1.6　例 1.1.1 の f の値域は閉区間 $[-1,1]$ であったが，例 1.1.2 の g の値域は片開き区間 $[0,4)$ であり，h の値域は開区間（の一種である）$(-\infty, +\infty)$ であった．　□

　最後に，一般の有理関数

$$f(x) = \frac{p(x)}{q(x)} \quad (p, q \text{ は多項式}) \tag{1.1.44}$$

について考える．ただし，$q(x)$ は1次以上の多項式であるとする．

$q(x)=0$ となる x の実数値，すなわち，方程式 $q(x)=0$ の相異なる実根（実数解）を $\alpha_1 < \alpha_2 < \cdots < \alpha_k$ としよう．このとき，f の定義域は実数全体 $\mathbf{R}$ からこれらの解を除いた集合

$$D = \mathbf{R} \setminus \{\alpha_1, \alpha_2, \cdots, \alpha_k\} \tag{1.1.45}$$

とするのが普通である．ただし，$\setminus$ は集合差を表わす記号である（すなわち，$A \setminus B$ は集合 A から B の要素を取り除いて得られる集合を表わす）．

D の各点で f は連続である．一方，D は次の $k+1$ 個の開区間の和集合である．$(-\infty, \alpha_1), (\alpha_1, \alpha_2), (\alpha_2, \alpha_3), \cdots, (\alpha_k, +\infty)$．この各区間における f の値の集合が区間なのであるから，f の値域は $k+1$ 個の区間の和集合となる．ただし，それが有界になるか，片側有界になるか，両側有界になるかなどは場合によるが，たとえば，$p(\alpha_j) \neq 0$ ならば，$x \to \alpha_j$ のとき $|f(x)| \to +\infty$ となり，$x = \alpha_j$ では f は特異性をもつ．このようなとき（正確には $x = \alpha_j$ は最初から f の定義域に属さないのであるが），習慣として，関数 f は $x = \alpha_j$ で不連続であるといったいい方もする．これにしたがえば，例1.1.5の関数は $x=0$ で不連続である．

問 $f(x) = x + \dfrac{4}{x}$ $(x \neq 0)$ の値域は区間 $(-\infty, -4]$ と区間 $[4, +\infty)$ の和であることを確かめよ． □

(b) 指数関数

指数関数(exponential function)の原型は，倍率一定の増加を表わす**等比数列**

$$a, ar, ar^2, \cdots, ar^{n-1}, \cdots \tag{1.1.46}$$

である．(1.1.46)において，a を初項，r を公比とよぶことは高校で学んだとおりである．

たとえば，培養器の中のバクテリアの量 R が，1日経つと2倍に増殖するものとすると，n 日経ったときは

$$R = R_0 2^n \tag{1.1.47}$$

である．ただし，R_0 は R の**初期値**(最初の値)である．12時間経ったときの R の値，すなわち半日経ったときの R の値は，(1.1.47) の n を $1/2$ とおいたものである．実際，半日で $2^{\frac{1}{2}}=\sqrt{2}$ 倍になれば，まる一日では $\sqrt{2}$ 倍がさらに $\sqrt{2}$ 倍されて，2倍となり，指定された**増殖率**に合う．同様に，30時間経ったときの R の値は，(1.1.47) で $n=30/24=5/4$ とおいたものである．すなわち，任意の時刻における R の量は，初期時刻からの経過時間を日を単位として t で表わせば

$$R = R_0 2^t$$

で表わされる．逆に，単位時間ごとに R が半分になるとすれば，R は

$$R = R_0\left(\frac{1}{2}\right)^t = R_0 2^{-t}$$

で表わされる．

一般に，a を正の定数として，変数 x に対する値が

$$a^x \quad (-\infty < x < +\infty)$$

で表わされる関数を**指数関数**という．a は指数関数の**底**(base)である．$a=1$ のときは a^x は定数関数 1 になってしまうので，しばらく $a \neq 1$，すなわち $0<a<1$ および $1<a$ の場合に限って扱う．

a^x はつねに正値をとり，$a>1$ の場合は増加関数であり，

$$\lim_{x \to -\infty} a^x = 0, \quad \lim_{x \to +\infty} a^x = +\infty \qquad (1.1.48)$$

であることなどは高校で既習である．逆に，$0<a<1$ ならば，a^x は減少関数であり，

$$\lim_{x \to -\infty} a^x = +\infty, \quad \lim_{x \to +\infty} a^x = 0$$

である．また，底が $1/a$ の指数関数は $(1/a)^x = a^{-x}$ により，そのグラフは a を底とする指数関数のグラフと y 軸に関して対称である．

さて，解析では $e=2.718\cdots$ という特定値を底とする指数関数を基準にとる．e は**自然対数の底**とよばれる無理数であり，本来は(論理的には)

$$e = \lim_{n \to \infty}\left(1+\frac{1}{n}\right)^n \qquad (1.1.49)$$

あるいは

$$\mathrm{e} = 1 + \frac{1}{1!} + \frac{1}{2!} + \cdots + \frac{1}{n!} + \cdots \tag{1.1.50}$$

で定義されるべきものであるが，高校の教科書では指数関数の $x=0$ における微分係数が 1 になるような底の値(その一意存在は仮定して)が e であると，"教育的な大らかさ"で導入している．しばらくは，高校以来の納得を継承しよう．そのときは，

$$\lim_{h \to 0} \frac{\mathrm{e}^h - 1}{h} = 1 \tag{1.1.51}$$

これより，指数関数の微分の公式

$$\frac{\mathrm{d}}{\mathrm{d}x} \mathrm{e}^x = \mathrm{e}^x \tag{1.1.52}$$

が成り立つ．さらに，k を任意の定数とすれば，

$$\frac{\mathrm{d}}{\mathrm{d}x} \mathrm{e}^{kx} = k \mathrm{e}^{kx}$$

がしたがう．

復習をかねて，関数 $y=f(x)=\mathrm{e}^x$ のグラフの様子および関数値の挙動を調べよう．値域が $(0, +\infty)$ であること，x 軸の左半分がグラフの漸近線になっていることは(1.1.48)などから明らかである．また，(1.1.52)より

$$f''(x) = (\mathrm{e}^x)' = \mathrm{e}^x > 0$$

であるから，グラフは下に凸である．よって，グラフは任意の点における接線の上方にある．特に，

$$f(0) = \mathrm{e}^0 = 1, \quad f'(0) = \mathrm{e}^0 = 1$$

から，曲線 $y=f(x)$ 上の点 $(0,1)$ における接線は，直線 $y=1+x$ であるから，

$$\mathrm{e}^x \geqq 1 + x \quad (\text{等号は } x=0 \text{ のとき}) \tag{1.1.53}$$

が成り立つ．これらから，$y=f(x)=\mathrm{e}^x$ は次の図 1.1.11 のようになる．

$x \to +\infty$ における $f(x)=\mathrm{e}^x$ の増大の仕方について，次の定理が成り立つ．

定理 1.1.6 $x \to +\infty$ に対する e^x の増大の仕方は，x のいかなる累乗よりも速い．すなわち，β を任意の正数とするとき

$$\lim_{x \to +\infty} \frac{x^\beta}{\mathrm{e}^x} = 0 \tag{1.1.54}$$

が成り立つ．

§1.1 関数の挙動

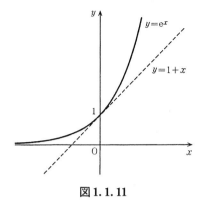

図 1.1.11

[証明] 後出の L'Hospital の公式を用いる方法や，e^x の Taylor 展開を用いる方法もあるが，ここでは準備が少なくてすむ以下の方法をとる．

β より大きな自然数 n を一つ固定する．たとえば，$n=[\beta]+1$ にえらべばよい．ただし，$[\ ]$ は整数部分を表わす Gauss の記号である．t を任意の正数とするとき，(1.1.53) より

$$e^t > t \qquad (t>0)$$

この両辺を n 乗すれば

$$e^{nt} > t^n$$

ここで $nt=x$ とおけば

$$e^x > \frac{x^n}{n^n} \qquad (x>0)$$

この両辺を x^β で割れば，

$$\frac{e^x}{x^\beta} > \frac{1}{n^n} x^{n-\beta} \qquad (x>0) \qquad (1.1.55)$$

n は固定された自然数であり，かつ $n-\beta>0$ であるから，(1.1.55) より，

$$\frac{e^x}{x^\beta} \to +\infty, \quad \frac{x^\beta}{e^x} \to 0 \qquad (x\to +\infty)$$

が明らかである． ∎

(1.1.54) を

$$\lim_{x\to +\infty} \frac{e^{-x}}{x^{-\beta}} = 0$$

とかけば，$x \to +\infty$ のとき，β がどんな大きな正の定数であっても，e^{-x} は $x^{-\beta}$ よりも高位の無限小であることがわかる．

定理 1.1.6 は，底が 1 よりも大きな任意の正数である指数関数 a^x に対してもそのまま成り立つ．何故なら

$$a^x = e^{x \log a} \tag{1.1.56}$$

と書き（この書き換えが a^x を扱うときの定石である），$\log a > 0$ に注意すれば，$k = \log a$ とおいて，

$$\lim_{x \to +\infty} \frac{x^\beta}{a^x} = \lim_{x \to +\infty} \frac{x^\beta}{e^{kx}} = \lim_{t \to +\infty} \frac{k^{-\beta} t^\beta}{e^t} = 0$$

という計算が可能だからである．

例 1.1.7 関数

$$y = u(x) = \begin{cases} e^{-\frac{1}{x}} & (x > 0) \\ 0 & (x \leq 0) \end{cases}$$

のグラフは，図 1.1.12 のようになる．

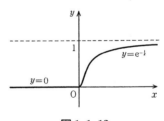

図 1.1.12

実際，$x > 0$ の範囲で $-\frac{1}{x}$ は増加関数であるから，$u(x)$ も増加関数である．かつ，$x \to +\infty$ のとき $u(x) \to e^0 = 1$ であるから，u の値域は $[0,1)$ であり，したがって $\sup u = 1$ であることがわかる．

さらに注目するべきは，$x \to +0$（右側からの極限）に際しての $u(x)$ のふるまいである．$x \to +0$ のとき，$\frac{1}{x} \to +\infty$，したがって，$-\frac{1}{x} \to -\infty$ であるから $e^{-\frac{1}{x}} \to 0$．したがって，u は $x = 0$ において連続である．さらに

$$\lim_{h \to +0} \frac{u(h) - u(0)}{h} = \lim_{h \to +0} \frac{e^{-\frac{1}{h}}}{h} = \lim_{t \to +\infty} \frac{t}{e^t} = 0$$

である（上式で最後のところは $t = 1/h$ と変数を変換）から，$x = 0$ における u の

右側微分係数が 0 であること，結局，$u'(0)$ が存在して 0 に等しいことがわかる．さらに，$x>0$ で，$u'(x)=\dfrac{1}{x^2}e^{-\frac{1}{x}}=\dfrac{t^2}{e^t}\left(t=\dfrac{1}{x}\right)$ であること，よって，また $u'(+0)=0$ であることを用いると，$u'(x)$ が連続であることがわかる．すなわち，関数 $u(x)$ のグラフは，$x=0$ において滑らかにつながっているのである．実は，同様な検討をさらにつづけると，u は定義域全体で，特に，点 $x=0$ を含めて何回でも微分可能であることが得られる． □

対数関数

範例 1.1.8　$f(x)=e^x$ $(-\infty<x<+\infty)$ の逆関数が対数関数 $g(x)=\log x$ $(x>0)$ であることは，高校で学んでいる．ただし，$\log x$ は $e=2.718\cdots$ を底とする対数 $\log_e x$ であり**自然対数**とよばれる．同じく底を省略して書かれることが多い常用対数 $\log_{10} x$ と区別したいときには，自然対数は $\ln x$ と書くが，本書では $\log x$ で通すことにする．

逆関数のグラフが，もとの関数のグラフを直線 $y=x$ に関して対称移動したものであることは高校において既習であろう．したがって，対数関数 $y=\log x$ のグラフは図 1.1.13 のようになる．

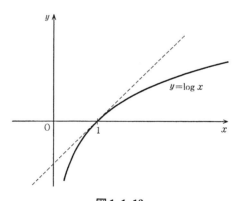

図 1.1.13

$y=f(x)=e^x$ の性質を逆関数として反映しているので，$y=g(x)=\log x$ は定義域 $(0, +\infty)$ において増加であり，値域は実数全体である．特に

$$\lim_{x\to+\infty}\log x = +\infty, \quad \lim_{x\to+0}\log x = -\infty$$

$y=\log x$ のグラフは上に凸である．

対数関数の微分の公式
$$\frac{d}{dx}\log x = \frac{1}{x} \qquad (x>0) \tag{1.1.57}$$
は，逆関数の微分の公式（後出）の特別の場合であるし，高校で既習であろうが，ここでも直接示しておこう．

x_0, x を正数とし，$y_0 = \log x_0,\ y = \log x$ とおけば
$$\frac{\log x - \log x_0}{x - x_0} = \frac{y - y_0}{e^y - e^{y_0}} = 1 \Big/ \left(\frac{e^y - e^{y_0}}{y - y_0}\right)$$
$x \to x_0$ のとき $y \to y_0$ であるから，$g(x) = \log x$ に対し
$$g'(x_0) = \lim_{y \to y_0} 1 \Big/ \left(\frac{e^y - e^{y_0}}{y - y_0}\right) = 1 \Big/ \left(\frac{d}{dy} e^y\right)\Big|_{y = y_0}$$
$$= \frac{1}{e^{y_0}} = \frac{1}{x_0} \qquad \square$$

最後に，$x \to +\infty$ の際の $\log x$ の増大度に関し，次の定理を述べておこう．

定理 1.1.7 $x \to +\infty$ のときの $\log x$ の増大度は，x の任意の累乗よりも遅い．すなわち，β をどのように小さな正の定数としても
$$\lim_{x \to +\infty} \frac{\log x}{x^\beta} = 0 \tag{1.1.58}$$
が成り立つ．

［証明］ $\log x = t$ とおけば $x = e^t,\ x^\beta = e^{\beta t}$．したがって
$$\lim_{x \to +\infty} \frac{\log x}{x^\beta} = \lim_{t \to +\infty} \frac{t}{e^{\beta t}} = 0$$

同様に，$x \to +0$ のときの，$|\log x|$ の $+\infty$ になり方は x の任意のベキの逆数よりも遅い． ∎

要点 1.1.6 k を正数とするとき，e^{kx} の $x \to +\infty$ に際しての増大の仕方は，どんな正定数 β に対しても，x^β の増大よりも速い．このような指数関数 e^{kx} の増大の仕方を**指数関数的増大**ということがある．逆に，e^{-kx} の $x \to +\infty$ のときの減少の仕方を**指数関数的減少**ということがある． □

指数関数の応用

さて，応用問題におけるある量 u が，時刻 t に対して
$$u = u(t) = Ae^{kt} \tag{1.1.59}$$
で表わされているとしよう．ただし A, k は定数である．$u(0) = A$ であるから，

§1.1 関数の挙動

A は u の初期値の意味をもつ．u を微分すると

$$\frac{du}{dt} = ku \tag{1.1.60}$$

であることがわかる．すなわち，u の変化率は u の現在量に定数 k を掛けたものである．この意味で k を u の**増殖係数**ということがある（$k<0$ ならば，むしろ減衰係数であるが）．

いま，u はある器内の放射性物質の量であり，この放射性物質の**半減期**が T であるとする．u が時間の関数として(1.1.59)の形で表わされるとすると（実際そうである），$u(T)=u(0)/2$ より，$e^{kT}=1/2$．したがって，$kT=\log\frac{1}{2}=-\log 2$．ゆえに，$k=-\frac{\log 2}{T}$．すなわち，半減期が T である放射性物質の量の時間変化の法則（微分方程式）は

$$\frac{du}{dt} = -\frac{\log 2}{T} u \qquad (t \geq 0)$$

となる．

注意 1.1.1 (1.1.59)で $u=u(t)$ と書いている．数学では $y=f(x)$ のように書き，関数記号の文字 f には，変数 x, y とは別の文字を使うのがふつうであるが，応用分野では文字の節約のためと，考察している量への連想の良さから，$x=x(t)$（x が動点の x 座標のとき），$v=v(t)$（v は動点の速さ velocity のとき）などの書き方をするのである．

増殖現象に関連深い関数の例をもう一つ見ておこう．いま，k, γ を正の定数として，$t\geq 0$ において関数

$$u = u(t) = \frac{\gamma e^{kt}}{1+e^{kt}} = \gamma - \frac{\gamma}{1+e^{kt}} \tag{1.1.61}$$

を考える．t が増加すれば，e^{kt} が増加するから，結局，

$$u(t) \uparrow \gamma \qquad (t \to +\infty) \tag{1.1.62}$$

である．なお，$u(t) \uparrow \gamma$ は $u(t)$ が増加しつつ γ に収束することを意味する．

u' および u'' を計算すると

$$u'(t) = \frac{\gamma k e^{kt}}{(1+e^{kt})^2}, \quad u''(t) = \frac{\gamma k^2 (1-e^{kt})}{(1+e^{kt})^3} e^{kt}$$

であるから，$-\infty < t < +\infty$ で u は増加であり，$t>0$ では上に凸，$t<0$ では下に凸であることがわかる．$u(0)=\gamma/2$ に注意して関数 u のグラフをえがくと，

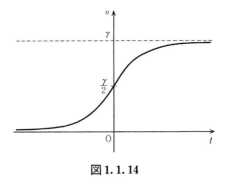

図 1.1.14

図 1.1.14 のようになる．$t \geq 0$ の範囲に着目すると，u は初期値 $\gamma/2$ から出発し，時間 t の経過とともに成長し，γ に向かって漸近的に飽和していく現象を表わしている．さらに，$0 < \beta < \gamma$ である正定数 β を導入して

$$u = u(t) = \frac{\gamma \beta e^{kt}}{(\gamma - \beta) + \beta e^{kt}} \qquad (t \geq 0) \qquad (1.1.63)$$

とおけば，$u(0) = \beta$ であり，かつ $t \to +\infty$ につれて $u(t) \uparrow \gamma$ であることを確かめることができる．したがって，u は初期値 β から出発して γ に向けて漸近する"飽和成長"を表わす典型的な関数であり，そのグラフは**成長曲線**とよばれる．

なお，(1.1.63) について単純ではあるが，やや長い計算を遂行すると

$$\frac{du}{dt} = k\left(1 - \frac{u}{\gamma}\right)u \qquad (1.1.64)$$

が満たされていることがわかる．これと (1.1.60) とを比較すると，(1.1.64) では，増殖係数が $k\left(1 - \dfrac{u}{\gamma}\right)$ であり，u が γ に近づくにつれて，増殖係数が 0 に落ちていく情況にあると解釈できる．この情況から察しても，(1.1.63) の関数が $u = \gamma$ に向けて飽和していくことが納得できる．

　範例 1.1.9（双曲線関数）　指数関数と関係が深い関数に双曲線関数とよばれるいくつかの関数がある．その主なものは

$$\cosh x = \frac{e^x + e^{-x}}{2} \qquad \text{（双曲余弦関数）} \qquad (1.1.65)$$

$$\sinh x = \frac{e^x - e^{-x}}{2} \qquad \text{（双曲正弦関数）} \qquad (1.1.66)$$

§1.1 関数の挙動

$$\tanh x = \frac{\sinh x}{\cosh x}$$

$$= \frac{e^x - e^{-x}}{e^x + e^{-x}} \quad (双曲正接関数) \qquad (1.1.67)$$

である．たとえば，cosh は"コス・エッチ"とか"ハイパボリックコサイン(hyperbolic cosine)"と読む．

これらの関数のグラフの概形は図 1.1.15 のようになる．

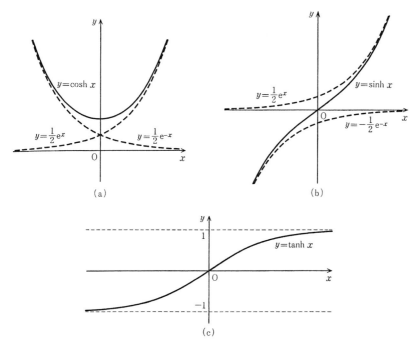

図 1.1.15 (a) $y = \cosh x$ のグラフ，(b) $y = \sinh x$ のグラフ，(c) $y = \tanh x$ のグラフ

$\cosh x$ は偶関数であり，$x=0$ の左右で増減が変わっている．その最小値は $\cosh 0 = 1$．また，$\cosh x$ のグラフは，$x>0$ では曲線 $y = \frac{1}{2}e^x$ に，$x<0$ では曲線 $y = \frac{1}{2}e^{-x}$ に漸近する．

$\sinh x$ は奇関数であり，全変域で増加である．そのグラフは，$x>0$ では曲線 $y = \frac{1}{2}e^x$ に，$x<0$ では曲線 $y = -\frac{1}{2}e^{-x}$ に漸近している．

$\tanh x$ は奇関数であり，全変域で増加であるが，値域は $(-1, 1)$ である．$x \to \pm\infty$ で $\tanh x$ のグラフは，それぞれ直線 $y=1$, $y=-1$ に漸近している．

  なお，$\tanh x$ に 1 を加えて得られる下限が 0 である関数を考察しよう．すなわち，$u=1+\tanh x$ とおけば

$$u(x) = 1 + \frac{e^x - e^{-x}}{e^x + e^{-x}} = \frac{2e^x}{e^x + e^{-x}} = \frac{2e^{2x}}{1+e^{2x}}$$

であるから，(1.1.61) で $\gamma=2$, $k=2$ とした特別の場合である（変数を表わす文字が t から x に変わっているが）．すなわち，$\tanh x$ のグラフは成長曲線の特別の場合である． □

要点 1.1.7 双曲線関数という名前は，t を媒介変数とする，xy 平面の曲線

$$\begin{cases} x = \cosh t \\ y = \sinh t \end{cases} \quad (-\infty < t < +\infty) \tag{1.1.68}$$

が双曲線（の枝）を表わすことからきている．実際，

$$\cosh^2 t - \sinh^2 t = \left(\frac{e^x + e^{-x}}{2}\right)^2 - \left(\frac{e^x - e^{-x}}{2}\right)^2$$

$$= \frac{1}{4}\{(e^{2x}+2+e^{-2x}) - (e^{2x}-2+e^{-2x})\} = 1$$

であるから，(1.1.68) は，直角双曲線

$$x^2 - y^2 = 1 \tag{1.1.69}$$

の $x \geq 1$ の部分を表わしている．

注意 1.1.2 今はあまり使わないが，正弦，余弦のことを円関数とよぶことがある．媒介変数 $x=\cos t$, $y=\sin t$ が単位円 $x^2+y^2=1$ を表わすからである．

注意 1.1.3 cosh, sinh という sin, cos に近い記号が用いられる理由は，複素指数関数を用いての cos, sin の表現（Euler の公式（後述））との類似からきている． □

関数の極限表示

応用上重要な多様な関数にふれる機会として，パラメータを含む関数の極限の一例を考察しよう．いま，k を正のパラメータとして，関数

$$u_k = u_k(x) = \tanh(kx) \tag{1.1.70}$$

を考える．この曲線 $y=u_k(x)=\tanh(kx)$ のグラフは，$y=u_1(x)=\tanh x$ のグラフの"縦軸からの横幅"を $1/k$ にしたものである（図 1.1.16）．特に，原点

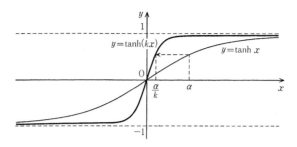

図 1.1.16

における接線の傾きは k である．k が大きいほど，$x>0$ の範囲についていえば，$u_k(x)$ の 1 に向けての立ち上がりが速い．

$k \to +\infty$ の極限を考えてみよう．

$$u_k(x) = \frac{e^{kx} - e^{-kx}}{e^{kx} + e^{-kx}} \tag{1.1.71}$$

において，$x>0$ ならば，$k \to +\infty$ のとき，$e^{kx} \to +\infty$，$e^{-kx} \to 0$ であることを考慮すると

$$\lim_{k \to +\infty} u_k(x) = 1 \quad (x>0)$$

同様に，$x<0$ ならば，$k \to +\infty$ のとき，$e^{kx} \to 0$，$e^{-kx} \to +\infty$ であることにより，

$$\lim_{k \to +\infty} u_k(x) = -1 \quad (x<0)$$

$x=0$ に対しては，k の値によらず $u_k(0)=0$ であるから

$$\lim_{k \to +\infty} u_k(x) = 0 \quad (x=0)$$

と書ける．すなわち，関数の族 $u_k = u_k(x)$ は $k \to +\infty$ のとき各点 x において収束し，その極限関数を u^* で表わせば

$$u^*(x) = \begin{cases} 1 & (x>0) \\ 0 & (x=0) \\ -1 & (x<0) \end{cases}$$

である（図 1.1.17）．この関数 u^* は実は**符号関数**とよばれ，$\mathrm{sgn}(x)$ で表わされる（sgn は sign（符号）からきている）．

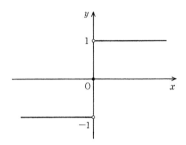

図 1.1.17 $y=\mathrm{sgn}(x)$ のグラフ

上の場合のように，ある区間 I における関数族 u_k（連続変数 k を添字にもつもの）や関数列 u_n（自然数 n を添字にもつもの）が，区間の各点 x において極限関数 u^* に収束するとき，u_k（あるいは u_n）は u^* に I で**各点収束**するという．連続な関数の各点収束極限が連続とは限らないことは，上の例が示すとおりである．

なお，$\mathrm{sgn}(x)$ は $x=0$ の左右では定数である．このように，ある区間 I を定義域とする関数 f について，I を有限個の分点によって小区間に分割するとき，各小区間において f が定数であるならば，f は**階段関数**(step function)，あるいは**単関数**(simple function)であるという（図 1.1.18）．

図 1.1.18 階段関数のグラフの例

(c) 三角関数

三角関数

三角関数の微分法の基礎は，（高校で学んだように）次の公式である．

$$\frac{\mathrm{d}}{\mathrm{d}x}\sin x = \cos x, \quad \frac{\mathrm{d}}{\mathrm{d}x}\cos x = -\sin x \qquad (1.1.72)$$

§1.1 関数の挙動

そうして，これらの公式は，有名な極限値の公式
$$\lim_{x \to 0} \frac{\sin x}{x} = 1 \tag{1.1.73}$$
および加法定理などを用いて導かれるのであった．いうまでもなく，このような扱いをするとき，角を計る方法として弧度法を用いている．さらに，一般角を用いるので $\sin x, \cos x$ の定義域は実数全体である．一方，基本公式
$$\sin^2 x + \cos^2 x = 1 \tag{1.1.74}$$
からも明らかなように，$|\sin x| \leq 1, |\cos x| \leq 1$ であり，これらは有界な関数である．$\sin x$ は奇関数，$\cos x$ は偶関数であることも周知であろう．

正弦関数，余弦関数のもう一つの特長は周期性である．すなわち，
$$\begin{aligned} \sin(x+2\pi) &\equiv \sin x \\ \cos(x+2\pi) &\equiv \cos x \end{aligned} \tag{1.1.75}$$
であり，これらは周期 2π をもつ．一般に，$(-\infty, \infty)$ を定義域とする関数 f が，0 でない定数 T に対して
$$f(x+T) \equiv f(x) \tag{1.1.76}$$
を満足するとき，f は周期 T をもつといい，このような関数を**周期関数**という．

ある数 $a \neq 0$ が f の周期ならば，$m \times a$（m は 0 でない整数）はすべて f の周期である．周期関数 f に対して，その正の周期のうちの最小数を**基本周期**というが，単に周期といって基本周期を指すこともある．たとえば，$\sin x$ の周期が 2π であるというときは，この言い方にしたがっている．同様に，$\sin \pi x$ の周期は 2 である．$\tan x = \sin x / \cos x$ は $x = m\pi + \frac{\pi}{2}$（m は整数）に対して定義されていないが，このような x を除いた範囲，すなわち
$$D = \{x \in \mathbf{R} \mid x \neq m\pi + \frac{\pi}{2} \ (m=0, \pm 1, \pm 2, \cdots)\}$$
を定義域として
$$\tan(x+\pi) \equiv \tan x \tag{1.1.77}$$
を満足する．したがって，$\tan x$ の周期は π である．

読者はすでに $\sin x, \cos x, \tan x$ のグラフになじんでおられるのであろう．念のために，その概形を示せば，図 1.1.19 のようになる．

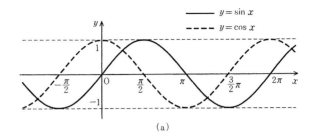

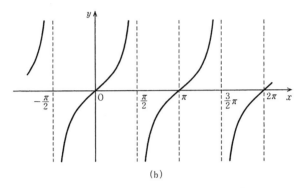

図 1.1.19 (a) $y = \sin x$ と $y = \cos x$ のグラフ，
(b) $y = \tan x$ のグラフ

等式 $\sin\left(x + \dfrac{\pi}{2}\right) \equiv \cos x$ により裏付けられることであるが，余弦関数のグラフは，正弦関数のグラフを左に $\pi/2$ だけ平行移動したものである．これらの曲線は**正弦曲線**とよばれる．

要点 1.1.8 最近の高校数学からは排除されているが，三角関数のメンバーには，次式で定義される cot, sec, cosec がある．

$$\left.\begin{aligned}\cot x &= \frac{\cos x}{\sin x} = \frac{1}{\tan x} \\ \sec x &= \frac{1}{\cos x}, \quad \operatorname{cosec} x = \frac{1}{\sin x}\end{aligned}\right\} \tag{1.1.78}$$

これらの関数のグラフの概形をえがくことは読者の演習としよう． □

逆三角関数

$f(x) = \sin x$ の値域 $[-1, 1]$ に属する数 β が与えられたとして（図 1.1.20）

$$\sin x = \beta \tag{1.1.79}$$

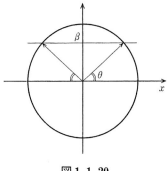

図 1.1.20

を満たす x を求める問題の解は一通りではない. 実際, $x=\theta$ が一つの解であるとすれば,

$$x = 2n\pi+\theta, \ (2n+1)\pi-\theta \quad (n \text{ は整数})$$

もすべて解である. すなわち, 関数 f による写像は1対1でない. したがって, このままでは, f の逆関数は存在しない.

値域 $R=[-1,1]$ を変えずに, 定義域を制限して, $\sin x$ による写像が1対1になるようにするには, $\sin x$ が単調増加な範囲, たとえば,

$$-\frac{\pi}{2} \leqq x \leqq \frac{\pi}{2}$$

を定義域に採用すればよい. すなわち,

$$y = f_0(x) = \sin x \quad \left(-\frac{\pi}{2} \leqq x \leqq \frac{\pi}{2}\right) \tag{1.1.80}$$

とおけば, この f_0 による定義域 $D_0=\left[-\frac{\pi}{2}, \frac{\pi}{2}\right]$ から値域 $R=[-1,1]$ への対応は1対1であり, 逆の対応による関数, すなわち f_0 の逆関数が存在する. この逆関数を(一般論に従えば f_0^{-1} で表わすところであるが), 特に $\sin^{-1}$ という関数記号(アーク・サインと読む)で表わす. 一般に, 逆関数ともとの関数では値域と定義域が入れかわるから, $\sin^{-1}$ は定義域が $[-1,1]$, 値域が $\left[-\frac{\pi}{2}, \frac{\pi}{2}\right]$ の関数であり,

$$y = \sin^{-1} x \quad (-1 \leqq x \leqq 1) \tag{1.1.81}$$

という x, y 間の関係は

$$\sin y = x \quad \left(-\frac{\pi}{2} \leqq y \leqq \frac{\pi}{2}\right) \tag{1.1.82}$$

と同値である．

逆関数のグラフは，もとの関数のグラフを直線 $y=x$ に関して対称移動したものである．したがって，$y=\sin^{-1}x$ のグラフは，曲線 $y=\sin x$ の $x\in\left[-\dfrac{\pi}{2},\dfrac{\pi}{2}\right]$ の部分を直線 $y=x$ に関して対称移動したものである．実際に，その概形をえがくことは読者の演習にまかそう．

同様に，$\cos x$ の定義域を制限し

$$y = \cos x \qquad (0 \leq x \leq \pi) \tag{1.1.83}$$

とした関数は，単調減少であり逆関数をもつ．それを $\cos^{-1}$ で表わし，アーク・コサインと読む．したがって

$$y = \cos^{-1} x \qquad (-1 \leq x \leq 1) \tag{1.1.84}$$

という関係は

$$\cos y = x \qquad (0 \leq y \leq \pi) \tag{1.1.85}$$

と同値である．

さらに，$\tan x$ の定義域を制限し，

$$y = \tan x \qquad \left(-\dfrac{\pi}{2} < x < \dfrac{\pi}{2}\right) \tag{1.1.86}$$

とした関数は，単調増加であり逆関数をもつ．それを $\tan^{-1}$ で表わし，アーク・タンゼントと読む．したがって

$$y = \tan^{-1} x \qquad (-\infty < x < +\infty) \tag{1.1.87}$$

という関係は

$$\tan y = x \qquad \left(-\dfrac{\pi}{2} < y < \dfrac{\pi}{2}\right) \tag{1.1.88}$$

と同値である．

$y=\cos^{-1}x$ のグラフをえがくことは読者にまかせるが，$y=\tan^{-1}x$ のグラフは図 1.1.21 のようになり，$x\to+\infty$ で直線 $y=\dfrac{\pi}{2}$ に，$x\to-\infty$ で直線 $y=-\dfrac{\pi}{2}$ に漸近している．

逆三角関数の微分の公式

逆三角関数，すなわち $\sin^{-1}x$, $\cos^{-1}x$ および $\tan^{-1}x$ の導関数を求めておこう．一般に微分可能な関数 f が逆関数 f^{-1} をもてば，次の**逆関数の微分の公式**が成り立つ(実は，これも高校で既習であるので結果のみを示す)．

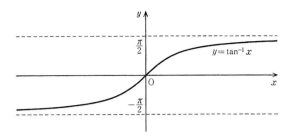

図 1.1.21

$$(f^{-1})'(x) = \frac{1}{f'(f^{-1}(x))} \tag{1.1.89}$$

すなわち，$x=a$ における f^{-1} の微分係数は，$a=f(\beta)$ となる β を用いると，$f'(\beta) \neq 0$ の条件のもとに，

$$(f^{-1})'(a) = \frac{1}{f'(\beta)} \tag{1.1.90}$$

で与えられる．x, y の文字を用いて表わせば，$y=f^{-1}(x)$ のとき，$x=f(y)$ であるから，

$$\frac{dy}{dx} = \frac{1}{\frac{dx}{dy}} \tag{1.1.91}$$

が成り立つ．

これを $y=\sin^{-1} x$ の場合に適用すれば，$x=\sin y$ であるから

$$\frac{dy}{dx} = \frac{1}{(\sin y)'} = \frac{1}{\cos y}$$

ところが $y=\sin^{-1} x$ ならば，$-\frac{\pi}{2} \leqq y \leqq \frac{\pi}{2}$ であるから $\cos y \geqq 0$．したがって

$$\cos y = \sqrt{1-\sin^2 y} = \sqrt{1-x^2}$$

結局，$y=\sin^{-1} x$ は，$-1 < x < 1$ で微分可能であり，その導関数は

$$\frac{d}{dx} \sin^{-1} x = \frac{1}{\sqrt{1-x^2}} \tag{1.1.92}$$

であることが導かれる．同様に，

$$(\cos^{-1} x)' = -\frac{1}{\sqrt{1-x^2}}$$

が得られる．

$y=\tan^{-1} x$ については, $x=\tan y$, $-\dfrac{\pi}{2}<y<\dfrac{\pi}{2}$ より

$$\frac{d}{dx}\tan^{-1} x = \frac{1}{(\tan y)'} = \frac{1}{\dfrac{1}{\cos^2 y}} = \cos^2 y$$

$$= \frac{\cos^2 y}{\cos^2 y + \sin^2 y} = \frac{1}{1+\tan^2 y} = \frac{1}{1+x^2}$$

と計算できる．すなわち

$$(\tan^{-1} x)' = \frac{1}{1+x^2} \tag{1.1.93}$$

なお，(1.1.91)を形式的に(微分可能性を了解して)導くには，$x=f(y)$の両辺をxで微分すればよい．そのとき，右辺を"$f(y)$, ただし $y=f^{-1}(x)$"とみなして合成関数の微分法(これも高校で既習)を適用するのである．

すなわち，$\dfrac{d}{dx}x=\dfrac{d}{dx}f(y)$ より $1=f'(y)\dfrac{dy}{dx}$ であるから

$$\frac{dy}{dx} = \frac{1}{f'(y)} \tag{1.1.94}$$

この扱いは，公式の記憶にも役立つであろうが，それよりも，公式の仕組みへの納得を与えるものである．

例 1.1.10 双曲正弦 $\sinh$ の逆関数 $\sinh^{-1}$ の導関数を求めよう．$y=\sinh^{-1}x$ は $x=\sinh y$ と同等である．これより，

$$(\sinh^{-1} x)' = \frac{1}{\cosh y} = \frac{1}{\sqrt{1+\sinh^2 y}} = \frac{1}{\sqrt{1+x^2}} \qquad \square$$

問 $y=\tanh^{-1} x$ の導関数を求めよ．

§1.2 関数の極限

　関数の極限 $\lim_{x \to a} f(x)$ や数列の極限 $\lim_{n \to \infty} a_n$ については，読者は高校数学以来，十分になじんでおられるはずである．いわゆる"極限の公式"，たとえば

$$\lim_{x \to a} \{f(x) + g(x)\} = \lim_{x \to a} f(x) + \lim_{x \to a} g(x) \tag{1.2.1}$$

$$\lim_{n \to \infty} a_n b_n = \lim_{n \to \infty} a_n \cdot \lim_{n \to \infty} b_n \tag{1.2.2}$$

などを用いて，極限値を計算した経験も豊富であろう．それらの知識はそのまま活きるのであるが，本格的な(応用を目指す)解析としては，極限の定義の見直し，すなわち発展に向けての基礎固めが必要である．有名な(悪名高い) $\varepsilon\delta$ 論法の理解がこの趣旨での主要課題であるが，その前に具体的な極限値についての知識を充実しておこう．

(a) いろいろな関数の極限値

　すでに今までの節で具体的な関数について，$x \to a$ のときの，あるいは $x \to +\infty$ のときの極限値を求めている．ここでは，関数の連続性や導関数についての高校以来の知識を活かして，比較的簡単に計算できる，そして重要な極限値を求めてみよう．

三角関数の極限値

　三角関数の微分法において

（公式）　　$$\lim_{x \to 0} \frac{\sin x}{x} = 1 \tag{1.2.3}$$

が基本的であることは，すでに述べた．これより，

$$\lim_{x \to 0} \frac{\tan x}{x} = 1, \quad \lim_{x \to 0} \frac{1 - \cos x}{x^2} = \frac{1}{2} \tag{1.2.4}$$

などが導かれる．実際，(1.2.3)および $\cos x$ の連続性を用いると，$x \to 0$ において

$$\frac{\tan x}{x} = \frac{\sin x}{x} \frac{1}{\cos x} \to 1 \times 1 = 1$$

$$\frac{1-\cos x}{x^2} = \frac{1}{x^2}\frac{(1-\cos x)(1+\cos x)}{1+\cos x} = \frac{1}{x^2}\frac{\sin^2 x}{1+\cos x}$$
$$= \left(\frac{\sin x}{x}\right)^2 \frac{1}{1+\cos x} \to 1^2 \times \frac{1}{1+1} = \frac{1}{2}$$

と計算できる．なお，Landau の記号の復習として(1.2.4)の結果を表現を変えて書けば，

$$\tan x = x + o(x), \quad \cos x = 1 - \frac{x^2}{2} + o(x^2)$$

である．

指数・対数関数の極限値

e^x の $x=0$ での連続性を認めれば(高校では文句なくそうしている)，

$$\lim_{x \to 0} e^x = e^0 = 1 \tag{1.2.5}$$

実は本書ではずっと先(第3章)で，e^x を本格的に定義し，その連続性を証明する．しかし当面は，e^x の連続性，さらに微分可能性を認める立場をとろう．

(1.2.5)から，たとえば次の公式が導かれる．

(公式) $\quad \lim_{n \to \infty} \sqrt[n]{a} = 1 \tag{1.2.6}$

ここで，$a>0$ は定数で，n は自然数である．実際，$\sqrt[n]{a} = e^{\frac{1}{n}\log a}$ であり，$n \to \infty$ のとき $\frac{1}{n}\log a \to 0$ であるから，(1.2.5)より $\sqrt[n]{a} \to e^0 = 1$ が従う．

なお，ここでの論法を一般化すれば次の命題になる．

命題 1.2.1 $f(x)$ が $x=a$ で連続，かつ数列 x_n は $\lim_{n \to \infty} x_n = a$ を満たすならば，
$$\lim_{n \to \infty} f(x_n) = f(a) \qquad \square$$

例 1.2.1 $\lim_{n \to \infty} \frac{\log n}{n} = 0$ ((1.1.58)参照)を用いれば，
$$e^{\frac{1}{n}\log n} \to e^0 = 1$$

これは，$\lim_{n \to \infty} \sqrt[n]{n} = 1$ を意味するものである． $\square$

さて，$(e^x)'|_{x=0} = e^x|_{x=0} = 1$ を極限の形でかくと，すでに(1.1.51)に記したことであるが，

(公式) $\quad \lim_{x \to 0} \frac{e^x - 1}{x} = 1 \tag{1.2.7}$

(上で述べたように，いずれ e^x の本格的定義のあとで，(1.2.7)および $(e^x)' =$

§1.2 関数の極限

e^x をちゃんと証明する．)

(1.2.7)で $y = e^x - 1$ とおいてみると，$y \to 0$ のとき $x \to 0$ であり
$$\frac{e^x - 1}{x} = \frac{y}{\log(1+y)} \to 1$$
であるから（文字を y から x にもどして），

（公式） $\displaystyle\lim_{x \to 0} \frac{\log(1+x)}{x} = 1$ (1.2.8)

が得られる．(1.2.8)から $\dfrac{d}{dt}\log t = \dfrac{1}{t}$ ($t > 0$) という微分の公式を導くことも簡単であるが（各自試みよ），ここでは次の極限値を求めるのに応用しよう．

（公式） $\displaystyle\lim_{n \to \infty}\left(1 + \frac{t}{n}\right)^n = e^t$ 　　（t は実定数） (1.2.9)

実際，$\left(1 + \dfrac{t}{n}\right)^n = e^{n\log\left(1 + \frac{t}{n}\right)}$ であるが，$n\log\left(1 + \dfrac{t}{n}\right) = t\dfrac{\log\left(1 + \dfrac{t}{n}\right)}{\dfrac{t}{n}}$ は $\dfrac{t}{n} = h$ とおくと，$n\log\left(1 + \dfrac{t}{n}\right) = t\dfrac{\log(1+h)}{h} \to t$ ($n \to \infty$) が得られるからである（命題1.2.1も用いたといえるが）．

なお，(1.2.9)の $t = 1$ の場合である

（公式） $\displaystyle\lim_{n \to \infty}\left(1 + \frac{1}{n}\right)^n = e$ (1.2.10)

を，そもそも e の定義とする立場もあることは(1.1.49)のあたりでも述べた．

(b) 連続性の見直し

$x = a$ の近くで定義されている関数 f が，$x = a$ で連続であるとは
$$\lim_{x \to a} f(x) = f(a) \quad (1.2.11)$$
が成り立つことである．すなわち，

(D1) x が a に限りなく近づくにつれて，$f(x)$ が $f(a)$ に限りなく近づくことが，(1.2.11)の意味であり，$f(x)$ が点 $x = a$ で連続であることの高校以来の了解である．

精度の感覚を導入して，(D1)を少々掘りさげてみよう．(D1)が成り立っているとすると，x を a に近づけることによって，たとえば，$f(x)$ と $f(a)$ の誤差を 1/10 より小さくできるはずである．すなわち

$$|f(x)-f(a)| < 0.1 \qquad (1.2.12)$$

が成り立つように，x を a に近づけることができるはずである．つまり，正数 δ_1 を十分に小さくとりさえすれば，

$$|x-a| < \delta_1 \implies |f(x)-f(a)| < 0.1 \qquad (1.2.13)$$

が成り立つはずである．この状況は，$f(x)$ と $f(a)$ との誤差限界がもっと小さく指定されても同様である．たとえば，$|f(x)-f(a)|<0.001$ となるようにせよと言われれば，x と a とをもっと近づけることによって実現できるはずである ((D1)が成り立っているのだから)．すなわち，十分小さな正数 δ_2 をえらびさえすれば(さきほどの δ_1 より小さくとらなければならないだろうが)，

$$|x-a| < \delta_2 \implies |f(x)-f(a)| < 0.001 \qquad (1.2.14)$$

が成り立つはずである．

一般的に言えば，(D1)が成り立っているならば，次の(D2)も成り立つはずである．

(D2) どんな正数 ε が与えられたとしても，それに応じて(十分小さな)正数 δ をえらび

$$|x-a| < \delta \implies |f(x)-f(a)| < \varepsilon \qquad (1.2.15)$$

が成り立つようにすることができる．

数学的な用語としての**近傍**を用いて(D2)を言いかえよう．一般に，p を実数とするとき，正数 γ に対して開区間 $(p-\gamma, p+\gamma)$ を p の **γ 近傍**という．したがって，$\{x\,|\,|x-a|<\delta\}=(a-\delta, a+\delta)$ は，a の δ 近傍である．また，同様に，$\{y\,|\,|y-f(a)|<\varepsilon\}=(f(a)-\varepsilon, f(a)+\varepsilon)$ は，$f(a)$ の ε 近傍である．この用語法を用いると(1.2.15)は，

$$x \text{ が } a \text{ の } \delta \text{ 近傍に属する} \implies f(x) \text{ は } f(a) \text{ の } \varepsilon \text{ 近傍に属する}$$
$$(1.2.16)$$

を意味する．よって，(D2)は

(D2)′ $f(a)$ のどんな小さな ε 近傍 V_ε に対しても，a の δ 近傍 V_δ を十分小さくとれば，V_δ の f による像が V_ε に入る

を意味している．

図 1.2.1(b) は，見やすさのために 2 次元化してあるが，(D2)′ のニュアンスを示している．関数 f による写像を"射"とみなすと，$f(a)$ を中心とする標的

§1.2 関数の極限

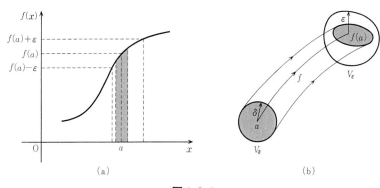

図1.2.1

V_ε がどんなに小さくても，発射の範囲 V_δ を点 a の近くに限ることによって，"全弾命中"を実現することができるということである．

例1.2.2 $f(x)=x^2$, $a=3$, $f(a)=9$ として条件(D2)を具体的に検討してみよう．ε を任意の正数(ただし1より小)とする．この ε に対して

$$|x-3|<\delta \implies |x^2-9|<\varepsilon \tag{1.2.17}$$

が成り立つような正数 δ を見出したいのである．

結果をいきなり示そう．$\delta=\dfrac{\varepsilon}{10}$ が一つの"正解"である．実際，

$$|x-3|<\frac{\varepsilon}{10} \implies -\frac{\varepsilon}{10}<x-3<\frac{\varepsilon}{10}$$

$$\implies 3-\frac{\varepsilon}{10}<x<3+\frac{\varepsilon}{10}$$

$$\implies \left(3-\frac{\varepsilon}{10}\right)^2-9<x^2-9<\left(3+\frac{\varepsilon}{10}\right)^2-9$$

$$\implies -\frac{3\varepsilon}{5}+\frac{\varepsilon^2}{100}<x^2-9<\frac{3\varepsilon}{5}+\frac{\varepsilon^2}{100}$$

$$\implies |x^2-9|<\frac{3\varepsilon}{5}+\frac{\varepsilon^2}{100}<\frac{4\varepsilon}{5}<\varepsilon$$

上のような δ のえらび方は，"最良"である必要はない．たとえば，$\delta=\dfrac{\varepsilon}{7}$ でもよい(確かめよ)．また，$\delta=\dfrac{\varepsilon}{10}$ が適格であるとわかれば，これより小さな正数はすべて適格である．要するに，(1.2.17)を満たす δ が一つ"存在"すればよい． □

上の例で，$0<\varepsilon<1$ と仮定した（ε があまり大きいと，$3-\dfrac{\varepsilon}{10}$ が正とは限らなくなる）．実は，(D2)において，ε を任意の正数としても，固定した正数 k より小さな正数 ε だけを考えても条件としては同じことである．なぜなら，k より小さな ε_1 に対して適格な δ_1 をえらべれば，それはそのままで k 以上の ε に対して適格となるからである．

さて，ここで発想を逆転し，(D2)でもって，

$$\lim_{x \to a} f(x) = f(a)$$

の定義とするのである．これが **$\varepsilon\delta$ 論法** の流儀である．(D2)が成り立っていれば，発射点 x を a の近くに寄せることによって，着弾点を $f(a)$ を中心としたどんな小さな標的にも当てることができるのだから，(D1)が実現している．したがって，(D1)にもとづく極限に関する直観はそのまま通用する．ただ，(D1)は直観的にすぎて理論的な証明の根拠となりにくい．そのときが(D2)の出番である．例として次の定理を示そう．

定理 1.2.1 $f(x)$ を連続関数とする．もし点 $x=a$ で $f(a)>0$ ならば，$x=a$ のある近傍において $f(x)>0$ である．

注意 1.2.1 直観的な(D1)にだけ頼れば，この定理は"当り前"であると叫ぶことはできるが，証明はできない．

[証明] 連続性により $\lim_{x \to a} f(x) = f(a)$．したがって，(D2)が成り立つ．いま，$\varepsilon = \dfrac{1}{2}f(a)$ とおけば，$\varepsilon > 0$ であるから，(1.2.15)が成り立つような正数 δ が存在する．すなわち，

$$|x-a| < \delta \implies |f(x)-f(a)| < \frac{1}{2}f(a)$$
$$\implies -\frac{1}{2}f(a) < f(x)-f(a)$$
$$\implies f(x) > f(a) - \frac{1}{2}f(a) = \frac{1}{2}f(a) > 0 \quad (1.2.18)$$

よって，この δ に関し，$x=a$ の δ 近傍で $f(x)>0$ である． ∎

注意 1.2.2 実数 $x=a$ の近傍として，それを中心にもつ開区間（δ 近傍，ε 近傍のタイプ）以外に，a を含む一般の開区間，さらに（ここでは解説しないが）a を含む開集合を考えることがある．しかし，"$x=a$ のある近傍において条件 $P(x)$ が成り

立つ"ことを示す目的には，上のようなδ近傍だけを考えれば十分である．

(c) 関数の極限の見直し

概念の体系からいえば，話が後先(あとさき)になったが，
$$\lim_{x \to a} f(x) = \beta \qquad (1.2.19)$$
の$\varepsilon\delta$論法における定義を述べよう．連続性を問題とした(1.2.11)との違いは，(1.2.19)を考えるときには，$x=a$におけるfの値は一切不問なことである．$f(a)$が定義されていなかったり，定義されているがβと異なっていても(1.2.19)にはひびかない．

定義 1.2.1 ($\varepsilon\delta$論法における関数の極限の定義) $x=a$の近くで定義された関数$f(x)$ (ただし，$f(a)$は定義されていなくてもよい)と定数βについて，$\lim_{x \to a} f(x) = \beta$であるとは，次の条件(D)が成り立つことである．
 (**D**) 任意の正数εに対して，次のような正数δが存在する．
$$|x-a| < \delta, \quad x \neq a \implies |f(x)-\beta| < \varepsilon \qquad (1.2.20)$$
いくつかの注意を箇条書きしよう．

(1) 上の(D)において，$\beta = f(a)$である場合は，$x=a$に対し$|f(x)-\beta| = |f(a)-f(a)| = 0 < \varepsilon$であるから，(1.2.20)の左辺の$x \neq a$をはずして($x=a$を除外せず)
$$|x-a| < \delta \implies |f(x)-f(a)| < \varepsilon$$
としても同じことである．(D2)はそれであった．

(2) (D)において，εをある正数kよりも小さな場合に限っても条件として変わりがない．

(3) (D)において，εに応じてδをえらばねばならないので，$\delta = \delta(\varepsilon)$と書くことがある ($\delta = \delta(\cdot)$は厳密な意味での関数記号ではない)．

(4) 全称記号，特称記号を用いて表わせば，(D)は次のように書ける．
$$\forall \varepsilon > 0, \ \exists \delta > 0; \ |x-a| < \delta, \ x \neq a \implies |f(x)-\beta| < \varepsilon$$

連続性に対する$\varepsilon\delta$論法の場合と同様に，一般の極限についても，$\varepsilon\delta$論法は論理を厳密にするためのものであり，具体的な問題で従来の直観的定義によるものと別の結果を与えるわけではない．公式もそのまま通用する(論理的には

証明を要するが). しかし, $\varepsilon\delta$ 論法の出番を必要とする場面があることも確かである. その例を示そう.

定理 1.2.2 $\lim_{x \to a} f(x)$ が存在すれば, $f(x)$ は $x=a$ の近傍で有界である.

注意 1.2.3 $f(x)$ が $x=a$ の**近傍で有界**であるとは, $x=a$ の十分小さな近傍で有界なことである ($x=a$ を含めても含めなくてもよい). すなわち, a のある近傍 V と正数 M で

$$x \in V \setminus \{a\} \implies |f(x)| \leq M \tag{1.2.21}$$

となるものが存在することである. これは, 直観的に言えば, x が a にどんな近づき方をしても $|f(x)|$ が $+\infty$ にならないことである.

[証明] 正数 ε_0 を任意にえらんで固定する. $\lim_{x \to a} f(x) = \beta$ とすれば, 次のような正数 δ が存在する.

$$\begin{aligned} |x-a| < \delta, \quad x \neq a &\implies |f(x)-\beta| < \varepsilon_0 \\ &\implies |f(x)|-|\beta| < \varepsilon_0 \\ &\implies |f(x)| < |\beta|+\varepsilon_0 \end{aligned}$$

これより, $V=(a-\delta, a+\delta)$, $M=|\beta|+\varepsilon_0$ に対して (1.2.21) が成り立つことがわかる. ∎

$\varepsilon\delta$ 論法を用いれば, "極限の公式"を証明することができる. その例として, (1.2.1) を証明しよう. すなわち

$$\lim_{x \to a} f(x) = \beta, \quad \lim_{x \to a} g(x) = \gamma \tag{1.2.22}$$

を仮定して,

$$\lim_{x \to a} \{f(x)+g(x)\} = \beta+\gamma \tag{1.2.23}$$

を示すのである.

[証明] ε を任意の正数とする. $h(x)=f(x)+g(x)$ とおき,

$$|x-a|<\delta, \quad x \neq a \implies |h(x)-(\beta+\gamma)|<\varepsilon \tag{1.2.24}$$

が成り立つような正数 δ の存在を示す.

上の ε に対して, $\varepsilon_1=\dfrac{\varepsilon}{2}$ とおけば, $\varepsilon_1>0$ であるから $\lim_{x \to a} f(x)=\beta$ より

$$|x-a|<\delta_1, \quad x \neq a \implies |f(x)-\beta|<\varepsilon_1=\dfrac{\varepsilon}{2} \tag{1.2.25}$$

が成り立つような正数 δ_1 が存在する. 同様に, $\lim_{x \to a} g(x)=\gamma$ より

§1.2 関数の極限

$$|x-a| < \delta_2, \quad x \neq a \implies |g(x) - \gamma| < \frac{\varepsilon}{2} \quad (1.2.26)$$

が成り立つような正数 δ_2 が存在する．

そこで，$\delta = \min\{\delta_1, \delta_2\}$ とおけば，もちろん δ は正数であり，$|x-a|<\delta, x \neq a$ を満たす x に対しては (1.2.25), (1.2.26) をともに用いてよい．したがって

$$|x - a| < \delta, \quad x \neq a$$
$$\implies |h(x) - (\beta + \gamma)| \leq |f(x) - \beta| + |g(x) - \gamma| < \frac{\varepsilon}{2} + \frac{\varepsilon}{2} = \varepsilon$$

すなわち，この δ に対して (1.2.24) が得られた． ∎

要点 1.2.1（いろいろな極限の見直し）

定発散 たとえば，$x \to a$ のときに $f(x)$ が正の無限大に発散することを

$$\lim_{x \to a} f(x) = +\infty \quad (1.2.27)$$

と表わすことは高校で既習であろう．これを $\varepsilon\delta$ 論法の流儀で見直すと次のようになる．

$f(x)$ が限りなく大きくなるとは，正の数 M をどのように与えても，x が a に近づきさえすれば，$f(x)$ の値が M を超えてしまうことである．すなわち，(1.2.27) の厳密な定義は次のようになる．

定義 1.2.2（無限大への発散の定義） 任意の正数 M に対して，次の性質 (H_+) をもつ正数 δ が存在するならば，$x \to a$ のとき $f(x)$ は正の無限大 $+\infty$ **に発散する**といい，(1.2.27) で表わす．

$$(\mathbf{H_+}) \quad |x-a| < \delta, \quad x \neq a \implies f(x) > M \quad (1.2.28)$$

逆に，任意の正数 M に対して，次の性質 (H_-) をもつ正数 δ が存在するならば，$x \to a$ のとき $f(x)$ は負の無限大 $-\infty$ **に発散する**といい，$\lim_{x \to a} f(x) = -\infty$ で表わす．

$$(\mathbf{H_-}) \quad |x-a| < \delta, \quad x \neq a \implies f(x) < -M \quad (1.2.29) \quad \square$$

注意 1.2.4 $+\infty, -\infty$ に発散する場合をあわせて**定発散**ということがある．定発散するからといって極限値が存在するわけではない．

片側極限値 x が右側から a に近づいたときの極限値，すなわち $x \to a+0$ のときの極限値を $\varepsilon\delta$ 流に定義し直せば，次のようになる．すなわち，

$$\lim_{x \to a+0} f(x) = \beta \tag{1.2.30}$$

であるとは,任意の $\varepsilon > 0$ に対して,次の性質 (D_+) をもつ正数 δ が存在することである.

(D_+)　　$0 < x-a < \delta \implies |f(x)-\beta| < \varepsilon$ 　　(1.2.31)

同様に,任意の $\varepsilon > 0$ に対して,

(D_-)　　$-\delta < x-a < 0 \implies |f(x)-\beta| < \varepsilon$ 　　(1.2.32)

が成り立つような正数 δ が存在することが,x が左側から a に近づいたときの極限値が β であることの定義となる.

$(D_+), (D_-)$ をともに満たす δ は,定義 1.2.1 の (D) を満たすことは明らかである.すなわち,次の事実が成り立つ.

定理 1.2.3 　$\lim_{x \to a+0} f(x) = \lim_{x \to a-0} f(x) = \beta$ は,$\lim_{x \to a} f(x) = \beta$ の必要十分条件である. 　□

片側極限の再定義から**片側連続性**の再定義がしたがう.たとえば,$f(x)$ が $x=a$ で右連続であるとは,

$$\lim_{x \to a+0} f(x) = f(a) \tag{1.2.33}$$

が成り立つことであり,これをさらに $\varepsilon\delta$ 論法で表現すると,次のようになる.

任意の正数 ε に対して,

$$0 \leq x-a < \delta \implies |f(x)-f(a)| < \varepsilon \tag{1.2.34}$$

となるような正数 δ が選べれば,$f(x)$ は $x=a$ で右連続である.

$x=b$ で $f(x)$ が左連続であるとは,$\lim_{x \to b-0} f(x) = f(b)$ が成り立つことであるが,これを $\varepsilon\delta$ 論法で再定義することは読者の演習としよう.

無限遠での極限値　　$x \to +\infty$ あるいは $x \to -\infty$ のときの $f(x)$ の極限値は,本節の最初で主役を演じた.それらの極限を $\varepsilon\delta$ 論法の流儀で定義し直すことも必要であるが,数列の極限値,すなわち $n \to +\infty$ のときの a_n の極限値とあわせて,次節で扱うことにする. 　□

要点・補足 #1.2.2 (関数の一様連続性)　　具体例の考察からはじめよう.開区間 $I = (0, 1)$ において

$$f(x) = \sqrt{x}, \quad g(x) = \frac{1}{x}$$

§1.2 関数の極限

はどちらも連続関数である．すなわち，$x=a$ を I の点とするとき，

$$\lim_{x \to a} f(x) = f(a), \quad \lim_{x \to a} g(x) = g(a)$$

が成り立つからである．$\varepsilon\delta$ 論法でいえば，任意の正数 ε に対して，

$$|x-a| < \delta \implies |f(x)-f(a)| < \varepsilon \tag{1.2.35}$$
$$|x-a| < \delta \implies |g(x)-g(a)| < \varepsilon \tag{1.2.36}$$

が成り立つような正数 δ が存在しているからである．

ε が小さければ δ を小さくとらなければならないことは前にも述べた．この δ のえらび方に対する a の影響に着目しよう．

図 1.2.2 に見るように，$x=a$ の近くでの関数値の増減がはげしいほど δ は小さくとらなければならない．関数 f, g どちらの場合でも，点 $x=a$ が原点に近づくほど δ を小さくする必要がある．

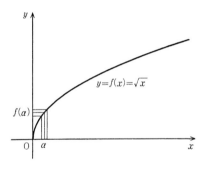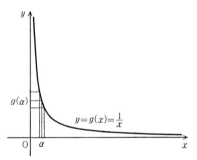

図 1.2.2

より詳しく，関数 g について調べよう．(1.2.36) において，$\delta < a$ でなければならないことが次のようにしてわかる．もし $\delta \geqq a$ とすると，$0 < x < a$ を満たす x はすべて (1.2.36) の左側の不等式 $|x-a| < \delta$ を満たしている．ところが，$0 < x < a$ の範囲で $x \to 0$ に近づくと，

$$|g(x)-g(a)| = \left|\frac{1}{x} - \frac{1}{a}\right| \to +\infty$$

となる．すなわち，

$$\sup_{|x-a|<\delta} |g(x)-g(a)| = +\infty$$

であるから (1.2.36) は成り立ち得ない．したがって，

$$\delta < a \qquad (1.2.37)$$

が必要である(実は,a が 0 に近いと δ はもっと小さく選ばねばならない.検証はしないが,$0<\varepsilon<1$ として,たとえば $\delta=\varepsilon a^2/2$ にとれば十分である).ともかく,(1.2.36)が成り立つような δ は,ε に依存するだけでなく,a にも依存し,関数 g の場合には採用可能な $\delta=\delta(\varepsilon,a)$ は a が 0 に近づくにつれて 0 に近づく.いいかえれば,(1.2.36)が成り立つような正数 δ を定義域のすべての点に対して共通に選ぶことはできない.

一方,関数 f についても,a が 0 に近づくにつれて,$\delta=\delta(\varepsilon,a)$ を小さくとらなければならなくなる.しかし,たとえば a によらない $\delta=\varepsilon^2/4$ を採用すると (1.2.35) が成り立つ.

このことを $I=(0,1)$ を二つの部分に分けて検証しよう.

$0<a\leq\delta$ のとき,$|x-a|<\delta \Rightarrow x<a+\delta\leq 2\delta$. ゆえに
$$|f(x)-f(a)| = |\sqrt{x}-\sqrt{a}| \leq \max\{\sqrt{x},\sqrt{a}\}$$
$$\leq \max\{\sqrt{2\delta},\sqrt{\delta}\} = \sqrt{2\delta}$$
$$= \sqrt{\frac{\varepsilon^2}{2}} = \frac{\varepsilon}{\sqrt{2}} < \varepsilon$$

一方,$a>\delta$ のとき,$|x-a|<\delta$ ならば次式が成り立つ.
$$a-\delta < x < a+\delta \implies \sqrt{a-\delta}-\sqrt{a} < \sqrt{x}-\sqrt{a} < \sqrt{a+\delta}-\sqrt{a}$$

したがって
$$|\sqrt{x}-\sqrt{a}| < \max\{\sqrt{a+\delta}-\sqrt{a},\sqrt{a}-\sqrt{a-\delta}\} = \sqrt{a}-\sqrt{a-\delta}$$
$$= \frac{\delta}{\sqrt{a}+\sqrt{a-\delta}} < \frac{\delta}{\sqrt{a}} < \frac{\delta}{\sqrt{\delta}} = \sqrt{\delta} = \frac{\varepsilon}{2} < \varepsilon$$

$f(x)$ が上に凸であり,$2f(a) \geq f(a+\delta)+f(a-\delta)$ が成り立つことを用いた. □

定義 1.2.3 一般に,ある区間 I において連続な関数 f を考えるとき,任意の正数 ε に対して,次の性質(U)をもつ,a によらない正数 $\delta=\delta(\varepsilon)$ が存在するならば,$f(x)$ は I において**一様連続**であるという.

(U) x,a が定義域の点であり,$|x-a|<\delta$ ならば,
$$|f(x)-f(a)| < \varepsilon$$
が成り立つ. □

§1.2 関数の極限

注意 1.2.5 一様連続な関数は連続関数の中の特別のクラスである．上の具体例でみたように，$\sqrt{x}$ は $0<x<1$ で一様連続であるが，$1/x$ は同じ区間で一様連続でない．

注意 1.2.6 上の条件(U)を要求すれば，f は自然に連続関数となる．

一様連続性が保証される重要なクラスは，有界閉区間で連続な関数である．事実だけを記しておこう．

定理 1.2.4 有界閉区間 $[a,b]$ で連続な関数は，この区間において一様連続である． □

注意 1.2.7 $[a,b]$ における連続性は，(a,b) の各点における連続性と，両端における片側連続性とをかねそなえた性質である． □

§1.3 数列の極限

具体的な数列や級数については，高校で相当なところまで扱っている．たとえば，**等比数列**

$$a_n = ar^{n-1} \qquad (n=1, 2, \cdots, n, \cdots) \qquad (1.3.1)$$

について，初項 $a \neq 0$ とすれば，a_n が収束するのは公比 r が $-1 < r \leqq 1$ を満足する場合であり，

$$(\text{公式}) \quad \lim_{n \to \infty} a_n = \lim_{n \to \infty} ar^{n-1} = \begin{cases} 0 & (-1 < r < 1) \\ a & (r = 1) \end{cases}$$

となることは周知である．また，**無限等比級数**

$$\sum_{n=1}^{\infty} ar^{n-1} = a + ar + ar^2 + \cdots + ar^{n-1} + \cdots \qquad (1.3.2)$$

が，和 $S = \lim_{n \to \infty} \sum_{k=1}^{n} ar^{k-1}$ をもつのは ($a \neq 0$ とすれば)，$-1 < r < 1$ の場合であり，そのとき

$$S = \sum_{n=1}^{\infty} ar^{n-1} = \frac{a}{1-r} \qquad (1.3.3)$$

となることも常識であろう．

この節での目標は，このような既習の知識を活かしつつ，基本的な概念の見直し，極限の存在に関する条件といった理論的な掘り下げ(少々バテ気味の読者もおられるかも知れないが，あと一息である)，さらに，後になって有用な新しい概念の把握である．

(a) 数列の極限の見直し

関数の極限の $\varepsilon\delta$ 論法による定義を理解したあとでは，数列の極限に関する厳密な定義，いわゆる **εN 論法** による定義を受け入れるのに抵抗は少ないはずである．さて，高校以来の直観的な理解に基づいても，$a_n \to a \, (n \to \infty)$ ならば，a を中心とした小さな標的 $V_\varepsilon = (a-\varepsilon, a+\varepsilon)$ が与えられたときに，十分大きな n に対して，a_n はすべて標的内に着弾している——というイメージをもつことができよう(図 1.3.1)．

§1.3 数列の極限

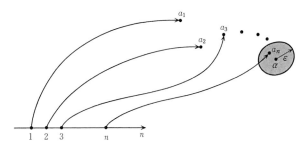

図 1.3.1 わざと平面化した概念図

あらためて，次のように定義する．

定義 1.3.1（数列の極限の εN 論法的定義） 無限数列 $\{a_n\}$ が定数 α に収束する（あるいは，α を極限値にもつ）とは，任意の正数 ε に対して，次の性質(P)をもつ自然数 N が存在することである．

(P)　　$n > N \implies |a_n - \alpha| < \varepsilon$ 　　　　　　　　　(1.3.4)　□

注意 1.3.1 上の(P)の左側の不等式を $n \geq N$ でおきかえても同じことである．(P)が成立しているとき，$N+1$ をあらためて N とおけば，(P)の左側の不等式が等号付きで成り立つからである．

また，(1.3.4)の右側の不等式を
$$|a_n - \alpha| \leq \varepsilon$$
としても同じことである．実際，任意の正数 ε に対して

(P)′　　$n > N \implies |a_n - \alpha| \leq \varepsilon$ 　　　　　　　　(1.3.5)

となるような N が存在するとしよう．このとき，定義 1.3.1 の要請が満たされていることを確かめるには，次のような論法に従えばよい．

γ を任意の正数とする．このとき $\varepsilon = \gamma/2$ とおくと，ε は正数であるから，(P)′ が成り立つような自然数 N が存在する．この N に関して
$$n > N \implies |a_n - \alpha| \leq \varepsilon < \gamma$$
すなわち，任意の正数 γ に対して，(P)の ε の代わりに文字 γ を用いた条件が成立することになる．文字の種類にこだわるべき条件ではないから，定義 1.3.1 の要請が検証された．

なお，この注意は関数の極限の $\varepsilon\delta$ 論法的定義にもそのままあてはまる．

εN 論法で数列の極限を再定義したが，高校以来の数列の極限の公式や性質は，すべてそのまま成り立つ．論理的には逐一検証するべきことであるが，す

べて信用して受け入れることにしよう．ここでは，定理の証明における εN 論法の御利益を示すために既知の公式

$$\lim_{n\to\infty} a_n b_n = \lim_{n\to\infty} a_n \cdot \lim_{n\to\infty} b_n \tag{1.3.6}$$

だけを証明してみせる．

その証明の前に——関数の極限に関する定理 1.2.2 と同様な内容であるが——次の定理が必要である．

定理 1.3.1 $\lim_{n\to\infty} a_n = \alpha$ が存在すれば，数列 $\{a_n\}$ は有界である．すなわち

$$|a_n| \leq M \quad (n=1, 2, \cdots) \tag{1.3.7}$$

が成り立つような正定数 M が存在する．

[証明] $\varepsilon = 1$ として，定義 1.3.1 を適用すれば，

$$n > N \implies |a_n - \alpha| < 1 \tag{1.3.8}$$

となるような自然数 N が存在する．

$$|a_n - \alpha| < 1 \implies |a_n| < |\alpha| + 1$$

であるから，(1.3.8) より

$$|a_n| < |\alpha| + 1 \quad (n = N+1, N+2, \cdots)$$

が成り立つ．そこで

$$M = \max\{|a_1|, |a_2|, \cdots, |a_N|, |\alpha|+1\} \tag{1.3.9}$$

とおけば，(1.3.7) が成り立つ． ∎

[式 (1.3.6) の証明] $\lim_{n\to\infty} a_n = \alpha$, $\lim_{n\to\infty} b_n = \beta$ とおく．また，数列 $\{c_n\}$ を $c_n = a_n b_n \ (n=1, 2, \cdots)$ により定義すると，証明するべきことは

$$\lim_{n\to\infty} c_n = \alpha\beta \tag{1.3.10}$$

である．$\lim_{n\to\infty} b_n$ が存在するから上の定理により $\{b_n\}$ は有界である．すなわち

$$|b_n| \leq M \quad (n=1, 2, \cdots) \tag{1.3.11}$$

となるような正定数 M が存在する．

さて，ε を任意の正数とし，

$$n > N \implies |c_n - \alpha\beta| < \varepsilon \tag{1.3.12}$$

が成り立つような自然数 N が存在することを示したいのである．次の変形は明らかである．

§1.3 数列の極限

$$c_n - \alpha\beta = a_n b_n - \alpha b_n + \alpha b_n - \alpha\beta$$
$$= (a_n - \alpha) b_n + \alpha(b_n - \beta) \quad (1.3.13)$$

よって
$$|c_n - \alpha\beta| \leq |a_n - \alpha| \cdot |b_n| + |\alpha| \cdot |b_n - \beta| \quad (1.3.14)$$

上の ε に対して，
$$\varepsilon_1 = \frac{\varepsilon}{2M}, \quad \varepsilon_2 = \frac{\varepsilon}{2(|\alpha|+1)} \quad (1.3.15)$$

とおく．$\varepsilon_1, \varepsilon_2$ は正数である．したがって，$\lim_{n\to\infty} a_n = \alpha$，$\lim_{n\to\infty} b_n = \beta$ の仮定から，次の性質をもつ自然数 N_1, N_2 が存在する．

$$\left.\begin{array}{l} n > N_1 \implies |a_n - \alpha| < \varepsilon_1 \\ n > N_2 \implies |b_n - \beta| < \varepsilon_2 \end{array}\right\} \quad (1.3.16)$$

いま，$N = \max\{N_1, N_2\}$ とおけば，$n > N$ に対して，(1.3.16) の各行の右側の不等式がともに成り立つ．そこで，(1.3.14)，(1.3.15) を用いて計算すれば，$n > N$ のとき

$$|c_n - \alpha\beta| \leq M \cdot |a_n - \alpha| + |\alpha| \cdot |b_n - \beta|$$
$$< M \cdot \frac{\varepsilon}{2M} + |\alpha| \frac{\varepsilon}{2(|\alpha|+1)} = \frac{\varepsilon}{2} + \frac{|\alpha|}{|\alpha|+1} \frac{\varepsilon}{2}$$
$$< \frac{\varepsilon}{2} + \frac{\varepsilon}{2} = \varepsilon$$

こうして (1.3.12) が確かめられ，公式 (1.3.6) が証明された． ■

注意 1.3.2 (1.3.15) の $\varepsilon_1, \varepsilon_2$ の選び方は，先々の計算を見とおしたプロの業（というほどでもないが）である．初学者にとっては驚異かも知れないが，慣れれば何でもない．(1.3.15) のような選び方の習得にはこだわらないで，証明を追うだけで十分な勉強である．

εN 論法の有効性を示す，次の例題を扱っておこう．

例 1.3.1 $\lim_{n\to\infty} a_n = \alpha$ ならば，

$$\lim_{n\to\infty} \frac{a_1 + a_2 + \cdots + a_n}{n} = \alpha \quad (1.3.17)$$

を示せ．

［解答］
$$s_n = \frac{a_1 + a_2 + \cdots + a_n}{n} \quad (n = 1, 2, \cdots) \quad (1.3.18)$$

とおく.(1.3.17)を示すためには,任意の正数 ε に対して
$$n > N \implies |s_n - \alpha| < \varepsilon \tag{1.3.19}$$
が成り立つような自然数 N の存在を示せばよい.

仮定より,$\{a_n - \alpha\}$ は 0 に収束し,したがって有界である.すなわち,
$$|a_n - \alpha| \leq M \quad (n = 1, 2, \cdots) \tag{1.3.20}$$
であるような正数 M が存在する.また,(1.3.19)の ε に対して $\varepsilon/2$ も正数であるから,$\lim_{n \to \infty} a_n = \alpha$ の仮定から
$$n > K \implies |a_n - \alpha| < \frac{\varepsilon}{2} \tag{1.3.21}$$
が成り立つような自然数 K が存在する.

さて,$n > K$ として,$s_n - \alpha$ を次のように変形しよう.
$$\begin{aligned} s_n - \alpha &= \frac{1}{n}\{(a_1 - \alpha) + (a_2 - \alpha) + \cdots + (a_n - \alpha)\} \\ &= \frac{1}{n}\sum_{k=1}^{K}(a_k - \alpha) + \frac{1}{n}\sum_{k=K+1}^{n}(a_k - \alpha) \\ &\equiv S^{(1)} + S^{(2)} \end{aligned} \tag{1.3.22}$$

(1.3.20)および(1.3.21)を用いれば,
$$|S^{(1)}| \leq \frac{1}{n}\sum_{k=1}^{K}|a_k - \alpha| \leq \frac{KM}{n}$$
$$|S^{(2)}| \leq \frac{1}{n}\sum_{k=K+1}^{n}|a_k - \alpha| < \frac{n-K}{n}\frac{\varepsilon}{2} < \frac{\varepsilon}{2}$$

よって
$$|s_n - \alpha| < \frac{KM}{n} + \frac{\varepsilon}{2} \quad (n > K) \tag{1.3.23}$$

ここで n を大きくとり,KM/n を $\varepsilon/2$ より小さくなるようにするのである.すなわち,自然数 N を
$$N > \max\left\{\frac{2KM}{\varepsilon}, K\right\} \tag{1.3.24}$$
となるように選ぶ.これは可能である.そうすると,$n > N$ のとき
$$\frac{KM}{n} < \frac{KM}{N} < KM \cdot \frac{\varepsilon}{2KM} = \frac{\varepsilon}{2}$$
となる.したがって,(1.3.23)より

§1.3 数列の極限

$$|s_n - a| < \frac{\varepsilon}{2} + \frac{\varepsilon}{2} = \varepsilon \qquad (n > N)$$

が得られ証明が完了する. □

注意 1.3.3 s_n は数列 $\{a_n\}$ の初項から第 n 項までの平均である. したがって, 上の例題の結果を"収束数列の項の部分平均は同じ極限値に収束する"と言い表わすことができる.

要点 1.3.1（部分列と収束） 具体例の考察からはじめる. いま, 数列

$$a_n = (-1)^n + \frac{1}{n} \qquad (n = 1, 2, \cdots) \tag{1.3.25}$$

を考える. 奇数項 a_{2k-1} をたどっていくと

$$\{a_{2k-1}\} = \left\{-1 + \frac{1}{1}, -1 + \frac{1}{3}, -1 + \frac{1}{5}, \cdots\right\}$$

であるから, これは -1 に収束する. すなわち, (1.3.25) の奇数項からなる部分列は -1 に収束している. 逆に, 偶数項 a_{2k} をたどっていくと

$$\{a_{2k}\} = \left\{1 + \frac{1}{2}, 1 + \frac{1}{4}, 1 + \frac{1}{6}, \cdots\right\}$$

であるから, この部分列は 1 に収束している. 奇数項と偶数項で異なる値に収束するのであるから, もとの数列 $\{a_n\}$ 自体は収束しない.

一般に, 与えられた数列 $\{a_n\}$ の項を, とばすことはあっても順序を変えないように選び出して得られる数列をもとの数列の**部分列**という. 以下, $\{a_n\}$ は無限数列であり, 考える部分列も無限数列であるとする.

$\{a_n\}$ のある部分列を $\{b_n\}$ として, b_n のもとの数列での番号を $\nu(n)$ で表わす. すなわち

$$b_1 = a_{\nu(1)}, \quad b_2 = a_{\nu(2)}, \quad \cdots, \quad b_n = a_{\nu(n)}, \quad \cdots$$

このとき

$$\nu(1) < \nu(2) < \nu(3) < \cdots < \nu(n) < \cdots$$

である（順序を変えないし, 同じ項は重複してとらないから）. 次の定理は当然であろう（意欲ある読者は証明を試まれよ）.

定理 1.3.2 収束数列の任意の部分列は同じ極限値に収束する. □

さて, 収束しない数列についても, その部分列が収束することがあることは,

(1.3.25) の例で見たとおりである．

次の定理は，定理 1.1.2 と同じく，実数の深い性質に基づくものであるが，証明なしに承認しよう．定理の副題の意味はこの段階では説明できないが，定理の内容は理解できるはずである．

定理 1.3.3 (有界数列のコンパクト性に関する Weierstrass の定理)　有界な実数列は収束する部分列を含む． □

一般に，数列 $\{a_n\}$ の収束部分列の極限値をもとの $\{a_n\}$ の**集積値**あるいは**集積点**という．たとえば，(1.3.25) の数列については，1, -1 のどちらも $\{a_n\}$ の集積値である．収束する数列の集積値はその極限値だけである．逆に，有界な数列についていえば，集積値がただ一つならば，その数列は収束している．

数列の集積値は多数存在することがある．

例 1.3.2　次の数列を考える．
$$a_n = \sin\frac{n\pi}{6} \qquad (n=1, 2, \cdots) \tag{1.3.26}$$

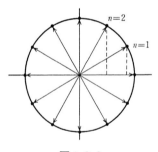

図 1.3.2

$\theta = \dfrac{n\pi}{6}$ の定める動径は，n が増すにつれて $\dfrac{\pi}{6}$ 刻みで正の向きに回転する (図 1.3.2)．したがって，a_n の項を 12 項ごとにとって部分列を作れば定数数列である．$\{a_n\}$ の集積値が，$\dfrac{1}{2}, \dfrac{\sqrt{3}}{2}, 1, 0, -\dfrac{1}{2}, -\dfrac{\sqrt{3}}{2}, -1$ の 7 個であることは明らかであろう．なお，証明は本書の程度をこえるが，
$$b_n = \sin kn\pi$$
とおいたとき，k が無理数ならば，b_n の集積点の全体は閉区間 $[-1, 1]$ になることが知られている． □

さて，$\{a_n\}$ を必ずしも収束しない有界数列とする．このとき，$\{a_n\}$ の集積値

§1.3 数列の極限

のうちで最大のもの(それが存在する)を $\{a_n\}$ の**上極限**といい，

$$\limsup_{n\to\infty} a_n$$

で表わす．逆に，集積値のうちで最小のものを $\{a_n\}$ の**下極限**といい，

$$\liminf_{n\to\infty} a_n$$

で表わす．たとえば，(1.3.25), (1.3.26)のどちらの数列についても

$$\limsup_{n\to\infty} a_n = 1, \qquad \liminf_{n\to\infty} a_n = -1$$

である．

一般の有界数列 $\{a_n\}$ について

$$\limsup_{n\to\infty} a_n = \gamma \tag{1.3.27}$$

であったとする．このとき，ε を任意の正数とすれば，γ に収束する $\{a_n\}$ の部分列が存在するのであるから，

$$a_n > \gamma - \varepsilon \tag{1.3.28}$$

となる項 a_n は無数に存在している．しかし

$$a_n > \gamma + \varepsilon \tag{1.3.29}$$

となる項 a_n は有限個しかない(その個数は ε の大きさによるが)(図1.3.3)．

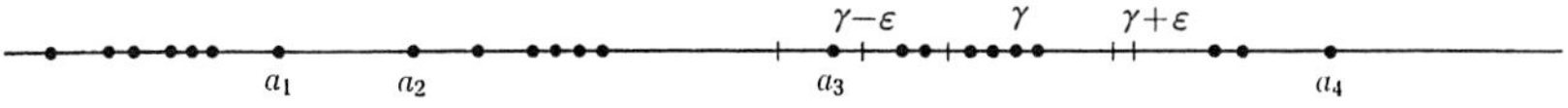

図1.3.3

実際，$a_n > \gamma + \varepsilon$ となる項が無数にあれば，Weierstrassの定理(定理1.3.3)により，その中から収束する部分列を選び出すことができる．その部分列の極限値を κ とすれば，$\kappa \geq \gamma + \varepsilon > \gamma$ であるから，γ が $\{a_n\}$ の最大の集積点であることに反してしまう．

逆に，任意の $\varepsilon > 0$ に対して(1.3.28)を満たす項 a_n が無数にあり，(1.3.29)を満たす項は有限個しかないとわかれば，$\limsup\limits_{n\to\infty} a_n = \gamma$ である．

下極限についても同様な特長づけを行なうことができる．すなわち，有界な数列 $\{b_n\}$ に対して，ある定数 γ が次の性質 $(P)_1$, $(P)_2$ をもっているならば，γ は $\{b_n\}$ の最小の集積点，すなわち $\liminf\limits_{n\to\infty} b_n$ である．

(P)$_1$ 任意の正数 ε に対して,$b_n<\gamma+\varepsilon$ を満たす項 b_n が無数に存在する.

(P)$_2$ 任意の正数 ε に対して,$b_n<\gamma-\varepsilon$ を満たす項 b_n は有限個しか存在しない.

最後に次の注意をしておこう.任意の有界数列 $\{a_n\}$ について,つねに

$$\liminf_{n\to\infty} a_n \leq \limsup_{n\to\infty} a_n \tag{1.3.30}$$

である.また,ここで等号が成り立つことが,$\{a_n\}$ が収束数列であり,

$$\lim_{n\to\infty} a_n = \limsup_{n\to\infty} a_n = \liminf_{n\to\infty} a_n$$

となるための必要十分条件である. □

(b) 数列の極限の存在条件

すでに定理 1.1.2 で"実数の有界集合の上限・下限の存在"および定理 1.3.3 で"有界な実数列は収束する部分列を含む"という二つの基本定理を認めることとした.これらより,数列の極限値の存在に関して重要な次の定理が導かれる.なお,解析の自由自在な応用を目標とする立場でも,このように基礎的な(極限の)存在定理は把握しておかねばならない.

定理 1.3.4 (単調有界数列の収束) 実数列 $\{a_n\}$ が有界,かつ単調ならば収束する.すなわち,

(i) $\quad a_1 \leq a_2 \leq \cdots \leq a_n \leq a_{n+1} \leq \cdots \leq M$ (1.3.31)

ならば (M は定数),$\{a_n\}$ は収束する.

(ii) $\quad a_1 \geq a_2 \geq \cdots \geq a_n \geq a_{n+1} \geq \cdots \geq L$ (1.3.32)

ならば (L は定数),$\{a_n\}$ は収束する. □

定理 1.3.5 (Cauchy の判定条件) 一般に実数列 $\{a_n\}$ が条件

(C)$_0$ $\quad a_n - a_m \to 0 \quad (n, m \to \infty)$ (1.3.33)

を満足するならば,$\{a_n\}$ は収束する. □

定理 1.3.4 は著名であり,高校段階からなじんでいた読者も多いであろう.定理 1.3.5 は初見の読者もあろうが,きちんとした解析を学ぶためには必修の知識であり"末永いつき合い"となる.

この二つの定理を,すでに了承した基本定理のそれぞれから導いておこう

§1.3 数列の極限

(実は，これらの四つの定理は，実数の性質に関するものとして，たがいに同値なのである)．

[証明]* (定理 1.1.2 $\Rightarrow$ 定理 1.3.4 の証明)

$\{a_n\}$ が単調増加の場合について証明する．すなわち (1.3.31) を仮定する．そうすると，$\{a_n\}$ が有界であるから定理 1.1.2 により $\{a_n\}$ の上限が存在する．そこで

$$\sup_{n \geq 1} a_n = \alpha \tag{1.3.34}$$

とおき，実は α が $\{a_n\}$ の極限値であることを示す．

さて，ε を任意の正数とするとき，区間 $(\alpha-\varepsilon, \alpha]$ には少なくとも一つ $\{a_n\}$ の項が含まれている．なぜならば，もしそうでないときには，$\alpha-\varepsilon$ が α より小さな $\{a_n\}$ の上界になってしまうからである．そこで，区間 $(\alpha-\varepsilon, \alpha]$ に含まれる項 a_N をえらぶことができる．すなわち

$$\alpha-\varepsilon < a_N \leq \alpha \tag{1.3.35}$$

一方，α が上限であることから

$$a_n \leq \alpha \quad (\forall n) \tag{1.3.36}$$

であり，また，$\{a_n\}$ が増加数列であることから

$$n \geq N \implies \alpha-\varepsilon < a_N \leq a_n \leq \alpha \tag{1.3.37}$$

が成り立つ．これより，

$$n \geq N \implies -\varepsilon < a_n - \alpha \leq 0 < +\varepsilon$$

である．これは

$$n \geq N \implies |a_n - \alpha| < \varepsilon$$

を意味する．すなわち，α が $\{a_n\}$ の極限値であることが示された．∎

なお，定理 1.3.3 から定理 1.3.4 を導くことは意欲的な読者の腕だめしの課題であろう．

定理 1.3.5 の証明をする前に，条件 $(C)_0$ を εN 論法式に言い直しておこう (これらが **Cauchy の判定条件**：Cauchy's criterion である)．

$(C)_1$ 任意の $\varepsilon > 0$ に対して，次の性質をもつ自然数 N が存在する．

$$n, m \geq N \implies |a_n - a_m| < \varepsilon \tag{1.3.38}$$

[証明]* (定理 1.3.3 $\Rightarrow$ 定理 1.3.5 の証明)

(1.3.38) において正数 ε を固定し，$m=N$ にとると
$$|a_n - a_N| < \varepsilon \qquad (n \geq N) \qquad (1.3.39)$$
これより
$$|a_n| \leq |a_N| + \varepsilon \qquad (n \geq N)$$
であるから，$n \geq N$ の範囲で $|a_n|$ は $|a_N|+\varepsilon$ を超えない．したがって，$|a_1|, |a_2|,$ $\cdots, |a_N|, |a_N|+\varepsilon$ の最大数を M とすれば，$|a_n| \leq M (\forall n)$ となり，$\{a_n\}$ の有界性がわかる．よって，定理 1.3.3 により $\{a_n\}$ は収束する部分列 $b_k = a_{\nu(k)}$ ($k=1,$ $2, \cdots$) を含む．$\{b_k\}$ の極限値を α とおく．

さて，ε を任意の正数とする．$b_k \to \alpha$ であるから
$$k \geq K \implies |b_k - \alpha| < \frac{\varepsilon}{2}$$
となるような自然数 K が存在する．特に，$k=K$ の場合を書けば，
$$|a_{\nu(K)} - \alpha| < \frac{\varepsilon}{2} \qquad (1.3.40)$$
である．一方，(1.3.38) の ε の代わりに，今の $\varepsilon/2$ を用いた条件を書けば，
$$n, m \geq L \implies |a_n - a_m| < \frac{\varepsilon}{2} \qquad (1.3.41)$$
が成り立つ．必要ならば，(1.3.40) の K を大きくとり直して，$\nu(K) \geq L$ が成り立っているとしてもよい．そうすると，(1.3.41) で $m=\nu(K)$ とおき，
$$n \geq L \implies |a_n - a_{\nu(K)}| = |a_n - b_K| < \frac{\varepsilon}{2} \qquad (1.3.42)$$
が得られる．

さて，$n \geq L$ に対して次のように計算することができる．
$$|a_n - \alpha| = |(a_n - a_{\nu(K)}) + (a_{\nu(K)} - \alpha)|$$
$$\leq |a_n - a_{\nu(K)}| + |a_{\nu(K)} - \alpha| < \frac{\varepsilon}{2} + \frac{\varepsilon}{2} = \varepsilon$$
上の最後の段階で (1.3.40), (1.3.42) を用いた．こうして，
$$n \geq L \implies |a_n - \alpha| < \varepsilon$$
となる．これで，$\lim_{n\to\infty} a_n = \alpha$ が証明された． ∎

この項の二つの基本的な定理の有用性を納得するために，級数の問題を扱ってみよう．

定理1.3.6 定数 α が $\alpha>1$ を満たすとき，級数

$$\sum_{n=1}^{\infty}\frac{1}{n^{\alpha}} = \frac{1}{1^{\alpha}}+\frac{1}{2^{\alpha}}+\frac{1}{3^{\alpha}}+\cdots+\frac{1}{n^{\alpha}}+\cdots \tag{1.3.43}$$

は収束する．逆に，$0<\alpha\leq 1$ ならば，この級数は $+\infty$ に発散する．

［証明］ 考察する級数の部分和を S_n とおく．すなわち，

$$S_n = \sum_{k=1}^{n}\frac{1}{k^{\alpha}} = \frac{1}{1^{\alpha}}+\frac{1}{2^{\alpha}}+\cdots+\frac{1}{n^{\alpha}} \quad (n=1, 2, \cdots)$$

明らかに，S_n は増加数列である．よって，級数が和をもつこと，すなわち，S_n が収束することを導くには，S_n の有界性を示せばよい．k を自然数とするとき，$k\leq t\leq k+1$ において

$$\frac{1}{k^{\alpha}} \geq \frac{1}{t^{\alpha}} \geq \frac{1}{(k+1)^{\alpha}}$$

は明らかである．よって

$$\frac{1}{k^{\alpha}} \geq \int_{k}^{k+1}\frac{dt}{t^{\alpha}} \geq \frac{1}{(k+1)^{\alpha}} \tag{1.3.44}$$

でもある．

さて，$\alpha>1$ とすれば，(1.3.44) の右側の不等号より

$$\begin{aligned}
\frac{1}{2^{\alpha}}+\frac{1}{3^{\alpha}}+\cdots+\frac{1}{n^{\alpha}} &\leq \int_{1}^{2}\frac{dt}{t^{\alpha}}+\int_{2}^{3}\frac{dt}{t^{\alpha}}+\cdots+\int_{n-1}^{n}\frac{dt}{t^{\alpha}} \\
&= \int_{1}^{n}\frac{dt}{t^{\alpha}} = \left[\frac{1}{-\alpha+1}t^{-\alpha+1}\right]_{1}^{n} \\
&= \frac{1}{\alpha-1}\left(1-\frac{1}{n^{\alpha-1}}\right) < \frac{1}{\alpha-1}
\end{aligned}$$

よって，

$$S_n < \frac{1}{\alpha-1}+1 = \frac{\alpha}{\alpha-1} \quad (n=1, 2, \cdots) \tag{1.3.45}$$

こうして，$\{S_n\}$ は有界であることが示された．

次に，$0<\alpha<1$ の場合を考える．このときは (1.3.44) の左側の不等号より

$$\begin{aligned}
\frac{1}{1^{\alpha}}+\frac{1}{2^{\alpha}}+\cdots+\frac{1}{n^{\alpha}} &\geq \int_{1}^{2}\frac{dt}{t^{\alpha}}+\int_{2}^{3}\frac{dt}{t^{\alpha}}+\cdots+\int_{n}^{n+1}\frac{dt}{t^{\alpha}} \\
&= \int_{1}^{n+1}\frac{dt}{t^{\alpha}} = \left[\frac{1}{-\alpha+1}t^{-\alpha+1}\right]_{1}^{n+1} \\
&= \frac{1}{1-\alpha}\{(n+1)^{1-\alpha}-1\}
\end{aligned}$$

したがって
$$S_n \geq \frac{(n+1)^{1-\alpha}}{1-\alpha} - \frac{1}{1-\alpha} \quad (n=1,2,\cdots) \tag{1.3.46}$$

(1.3.46)の右辺は $1-\alpha>0$ により，$n\to\infty$ のとき $+\infty$ に発散する．よって，$S_n\to+\infty$ $(n\to\infty)$ である．

$\alpha=1$ のときは，
$$\int_1^{n+1} \frac{dt}{t} = \log(n+1) \to +\infty \quad (n\to\infty)$$

を用いて同様に結論される．

上の定理からわかるように，定理 1.3.4 は"極限の存在"を保証するが，その値についての情報はほとんど与えないし，そのような情報がなくても使える．この点は定理 1.3.5 も同様である．定理 1.3.5 の級数への応用については，最初に一般的な次の定理を記しておこう．

定理 1.3.7 (級数に関する Cauchy の判定法)　級数
$$\sum_{n=1}^\infty a_n = a_1+a_2+\cdots+a_n+\cdots \tag{1.3.47}$$

が和をもつための条件は，
$$(C)_2 \quad \sum_{k=n}^m a_k = a_n+a_{n+1}+\cdots+a_m \to 0 \quad (n,m\to\infty) \tag{1.3.48}$$

である．

注意 1.3.4　条件 $(C)_2$ を級数に関する Cauchy の判定条件という．

[証明]　級数(1.3.47)の部分和を S_n とおくと，条件 $(C)_2$ は，
$$S_m - S_{n-1} \to 0 \quad (n,m\to\infty) \tag{1.3.49}$$

と表わされる．すなわち(n の番号が一つずれているが問題ない！)，$\{S_n\}$ は数列として Cauchy の判定条件を満足する．したがって，$\{S_n\}$ は収束し，級数は和を持つことがわかる．

逆に，$\{S_n\}$ が収束するときに，$(C)_2$ が成り立つことの検証は読者にまかせよう．

具体的な級数の収束を判定するのには，Cauchy の判定法から導かれる優級数の定理が便利なことが多い．

定理 1.3.8（優級数の定理） 収束を問題とする級数
$$\sum_{n=1}^{\infty} a_n = a_1 + a_2 + \cdots + a_n + \cdots \tag{1.3.50}$$
に対して，非負の項をもつ級数 $\sum_{n=1}^{\infty} b_n$ で，
$$|a_n| \leq b_n \quad (n=1, 2, \cdots) \tag{1.3.51}$$
かつ，$\sum_{n=1}^{\infty} b_n$ が収束するものが存在するならば，級数 $\sum_{n=1}^{\infty} a_n$ も収束する．

注意 1.3.5 (1.3.51) を満足する b_n を項とする級数 $\sum_{n=1}^{\infty} b_n$ をもとの級数 $\sum_{n=1}^{\infty} a_n$ の**優級数**（majorant）という．

注意 1.3.6 上の定理を用いるときは，問題とする級数 $\sum_{n=1}^{\infty} a_n$ に対して，"収束する優級数"を自分で見つけるのである．

［証明］ $\sum_{n=1}^{\infty} b_n$ は収束するのであるから
$$\sum_{k=n}^{m} b_k = b_n + b_{n+1} + \cdots + b_m \to 0 \quad (n, m \to \infty) \tag{1.3.52}$$
である．(1.3.51) と (1.3.52) を用いると
$$\left| \sum_{k=n}^{m} a_k \right| \leq |a_n| + |a_{n+1}| + \cdots + |a_m|$$
$$\leq b_n + b_{n+1} + \cdots + b_m \to 0 \quad (n, m \to \infty)$$
よって，級数 $\sum_{n=1}^{\infty} a_n$ が Cauchy の判定条件を満足することがわかる．したがって，$\sum_{n=1}^{\infty} a_n$ は収束する． ∎

例 1.3.3 α を 1 より大きな定数，$\{\beta_n\}$ を有界な数列とすると，級数
$$\sum_{n=1}^{\infty} \frac{\beta_n}{n^\alpha} = \frac{\beta_1}{1^\alpha} + \frac{\beta_2}{2^\alpha} + \cdots + \frac{\beta_n}{n^\alpha} + \cdots \tag{1.3.53}$$
は収束することを検証しよう．$\{\beta_n\}$ が有界であるから
$$|\beta_n| \leq M \quad (n=1, 2, \cdots) \tag{1.3.54}$$
を満足する正定数 M が存在する．そこで
$$b_n = \frac{M}{n^\alpha} \quad (n=1, 2, \cdots)$$
とおけば，(1.3.54) および定理 1.3.6 により，$\left|\dfrac{\beta_n}{n^\alpha}\right| \leq b_n$，かつ，
$$\sum_{n=1}^{\infty} b_n = M \sum_{n=1}^{\infty} \frac{1}{n^\alpha}$$
は収束．したがって，級数 (1.3.53) は収束する優級数をもつこととなり，それ

自身が収束する.

さて，一般の級数 $\sum_{n=1}^{\infty} a_n$ に対して $\sum_{n=1}^{\infty} |a_n|$ は，その優級数になっている．

定義 1.3.2（絶対収束級数） 級数 $\sum_{n=1}^{\infty} a_n$ に対して，各項をその絶対値でおきかえた級数 $\sum_{n=1}^{\infty} |a_n|$ が収束するならば，もとの級数は**絶対収束**であるという．

定理 1.3.9 絶対収束級数は収束する．

［証明］ $\sum_{n=1}^{\infty} a_n$ に対して，$\sum_{n=1}^{\infty} |a_n|$ は優級数であり，これが収束するならば，定理 1.3.8 により $\sum_{n=1}^{\infty} a_n$ は収束する． ∎

注意 1.3.7 収束はするが絶対収束でない級数は**条件収束**であるという．たとえば

$$1 - \frac{1}{2} + \frac{1}{3} - \frac{1}{4} + \cdots + \frac{(-1)^{n-1}}{n} + \cdots \tag{1.3.55}$$

は収束し，その和が $\log 2$ である（演習問題参照）が，絶対収束でないことは定理 1.3.6 の $\alpha=1$ の場合からわかる．したがって，(1.3.55) の級数は条件収束である．

条件収束の級数は，"項の並べかえ"を行なうと和の値が変わったりする．たとえば，(1.3.55)で分母が奇数の項と偶数の項を 2:1 の割合でとっていき，級数

$$1 + \frac{1}{3} - \frac{1}{2} + \frac{1}{5} + \frac{1}{7} - \frac{1}{4} + \frac{1}{9} + \frac{1}{11} - \frac{1}{6} + \frac{1}{13} + \cdots$$

とすると，その和は $\frac{3}{2} \log 2$ になる（ここでは証明しないが）．

絶対収束級数は"安心できる"性質をもっている．たとえば，項の並べ変えによって値が変わることもないし，二つの絶対収束級数については，

$$\left(\sum_{k=1}^{\infty} a_k\right)\left(\sum_{j=1}^{\infty} b_j\right) = \sum_{n=2}^{\infty} \left(\sum_{k+j=n} a_k b_j\right)$$

といった"展開"も間違いなく成立するのである．

§1.4 導関数とその計算

高等学校で学んだように，そうして本書のこれまでの節でも大いに活用してきたように，関数 $f(x)$ の $x=a$ における**微分係数** $f'(a)$ の定義は

$$f'(a) = \lim_{x \to a} \frac{f(x) - f(a)}{x - a}$$
$$= \lim_{h \to 0} \frac{f(a+h) - f(a)}{h} \qquad (1.4.1)$$

である．$f'(a)$ が存在するとき，$f(x)$ は $x=a$ で**微分可能**であるという．

$f(x)$ が，たとえば，区間 $I=(a,b)$ の各点で微分可能であるときには，各点における微分係数を関数値とする関数を考えて，$f(x)$ の**導関数**といい，$f'(x)$ で表わす．したがって，

$$f'(x) = \lim_{h \to 0} \frac{f(x+h) - f(x)}{h} \qquad (1.4.2)$$

である．

もとの関数を $y=f(x)$ のように表わしているときは，$f'(x)$ の代わりに，記号 $\dfrac{dy}{dx}$ も用いられる．こちらを用いたときに，$x=a$ における関数 y の微分係数を表わすには，$\left.\dfrac{dy}{dx}\right|_{x=a}$ あるいは $\left.\dfrac{dy}{dx}\right|_{a}$ のような書き方をする．これらの記法の変種として

$$\frac{df(x)}{dx}, \quad \frac{d}{dx}f(x), \quad \frac{d}{dx}y, \quad \frac{d}{dx}y(x)$$

などが，前後関係や著者の好みによって用いられる．

注意 1.4.1 導関数のことを英語では derivative という．

$f(x)$ が $x=a$ で微分可能ならば，$f(x)$ は $x=a$ で連続である．これは

$$\lim_{x \to a}\{f(x) - f(a)\} = \lim_{x \to a} \frac{f(x) - f(a)}{x - a} \cdot \lim_{x \to a}(x - a)$$
$$= f'(a) \cdot 0 = 0 \qquad (1.4.3)$$

からわかる．したがって，ある区間で微分可能な関数はそこで連続関数である．もちろん，この逆は成立しない．

例 1.4.1 $-\infty < x < \infty$ において,関数 $f(x)$ を

$$f(x) = \begin{cases} 1 & (x \geq 1) \\ x^2 & (0 \leq x \leq 1) \\ 0 & (x \leq 0) \end{cases} \quad (1.4.4)$$

で定義すれば,$f(x)$ は数直線の上で連続である.(1.4.4) の "式の変わり目" は $x=0$ と $x=1$ であるが,それ以外の点での $f(x)$ の微分可能性は明らかである.実際,

$$f'(x) = \begin{cases} 0 & (x > 1) \\ 2x & (0 < x < 1) \\ 0 & (x < 0) \end{cases} \quad (1.4.5)$$

である."変わり目"の点 $x=0$ では,$f'(0)=0$ である(平均変化率の左右からの極限値を計算せよ).一方,$x=1$ では $f'(1)$ は存在せず,この点で $f(x)$ は微分不能である(図 1.4.1).　　□

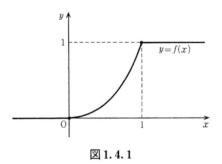

図 1.4.1

(a) 片側微分係数

$x=a$ における関数 $f(x)$ の平均変化率の右側極限値(が存在すれば,それ)を $x=a$ での**右側微分係数**といい,左側極限値(が存在すれば,それ)を**左側微分係数**という.

$x=a$ で微分可能であること,すなわち $f'(a)$ が存在するための必要十分条件は,その点での両側の微分係数がともに存在し,その値が一致することである.たとえば,$x=0$ において,$f(x)=|x|$ の右側微分係数は 1,左側微分係数は -1 であり,この関数は $x=0$ で微分不能である.

(b) 関数の微小変化と微分係数

関数 $y=f(x)$ が微分可能であるときに，x が微小な増分 Δx だけ変化したとする．この x の増分 Δx に対する y の増分を Δy とおけば，$\Delta y=f(x+\Delta x)-f(x)$ であるから，

$$\Delta y = f'(x)\Delta x + o(\Delta x) \qquad (\Delta x \to 0) \qquad (1.4.6)$$

である．(1.4.6)の右辺の $o(\Delta x)$ は Landau の o 記号(例1.1.2参照)であり，Δx より高位な無限小を表わしている．したがって，$f'(x)\Delta x$ は Δy の主要部分であるとみなすことができる．

別の見方をすれば，(Δx によらない)定数 A を用いて

$$\Delta y = A\Delta x + o(\Delta x) \qquad (\Delta x \to 0)$$

が成り立つとき，$A=f'(x)$ である．すなわち，Δy の主要部分(Δx に比例する部分)の意味で

$$\Delta y \fallingdotseq f'(x)\Delta x$$

であるが，これを

$$dy = f'(x)dx \qquad (1.4.7)$$

と書き表わすことがある．これは

$$\frac{dy}{dx} = f'(x)$$

の"分母を払った形"になっているので，納得しやすい．

(c) 高次導関数

関数 $y=f(x)$ の導関数 $f'(x)$ の導関数をもとの関数の**第2次導関数**といい，

$$f''(x), \quad y'', \quad \frac{d^2y}{dx^2}, \quad \frac{d}{dx}\left(\frac{dy}{dx}\right)$$

などで表わす．第2次導関数のことを，単に**2次導関数**あるいは**2階導関数**という．

一般に，n を自然数とするとき，$y=f(x)$ を n 回微分して得られる関数を(もとの関数の)**n 次導関数**(n 階導関数)といい，

$$f^{(n)}(x), \quad y^{(n)}, \quad \frac{d^ny}{dx^n}, \quad \left(\frac{d}{dx}\right)^n y$$

などで表わす．n が比較的小さな場合は，たとえば，$f^{(3)}(x)$ の代わりに $f'''(x)$ のように書くことは，2次導関数の場合と同様である．

例 1.4.2　$f(x) = x^3$ のとき
$$f'(x) = 3x^2, \quad f''(x) = 6x, \quad f'''(x) \equiv 6$$
$$n > 3 \text{ ならば} \quad f^{(n)}(x) \equiv 0$$

一般に，m を自然数とするとき

(公式)　$\left(\dfrac{d}{dx}\right)^n x^m = \begin{cases} m(m-1)\cdots(m-n+1)\,x^{m-n} & (n<m) \\ m! & (n=m) \\ 0 & (n>m) \end{cases}$

(1.4.8)

が成り立つ．

例 1.4.3　k を定数とするとき

(公式)　$\left(\dfrac{d}{dx}\right)^n e^{kx} = k^n e^{kx}$ 　(1.4.9)

特に，$\left(\dfrac{d}{dx}\right)^n e^x = e^x$．

例 1.4.4　α を 0 でも自然数でもない実数の定数とするとき，$y = f(x) = x^\alpha$ は $x > 0$ において何回でも微分可能であり，

(公式)　$\left(\dfrac{d}{dx}\right)^n x^\alpha = \alpha(\alpha-1)(\alpha-2)\cdots(\alpha-n+1)\,x^{\alpha-n}$ 　(1.4.10)

が成り立つ．特に $\alpha = -1$ とおけば
$$\left(\dfrac{d}{dx}\right)^n\left(\dfrac{1}{x}\right) = (-1)(-1-1)\cdots(-1-n+1)\,x^{-1-n}$$
$$= (-1)^n n! \dfrac{1}{x^{n+1}} \tag{1.4.11}$$

これは，$x \neq 0$ で成り立つ．

また，(1.4.11) から
$$\left(\dfrac{d}{dx}\right)^n \log x = (-1)^{n-1}(n-1)!\dfrac{1}{x^n} \tag{1.4.12}$$

が導かれる．

例 1.4.5　$y = f(x) = \sin x$ については
$$\dfrac{d}{dx}\sin x = \cos x = \sin\left(x + \dfrac{\pi}{2}\right)$$

§1.4 導関数とその計算

である.すなわち,正弦関数を微分するときは,同じ正弦で表わして変数(引数)を $\frac{\pi}{2}$ だけ増せばよい.これより帰納的に

(公式) $$\left(\frac{d}{dx}\right)^n \sin x = \sin\left(x + \frac{n\pi}{2}\right) \tag{1.4.13}$$

となる.同様に

(公式) $$\left(\frac{d}{dx}\right)^n \cos x = \cos\left(x + \frac{n\pi}{2}\right) \tag{1.4.14}$$

が示される. □

(d) 積の高次導関数

関数 f, g が n 回微分可能ならば,その積 fg も n 回微分可能である.fg の n 次導関数を表わす公式として次の定理がある.

定理 1.4.1 (Leibnizの公式)

$$(fg)^{(n)} = {}_nC_0 f^{(n)}g + {}_nC_1 f^{(n-1)}g' + \cdots + {}_nC_k f^{(n-k)}g^{(k)}$$
$$+ \cdots + {}_nC_{n-1}f'g^{(n-1)} + {}_nC_n fg^{(n)} \tag{1.4.15}$$

ただし,

$$_nC_k = \frac{n(n-1)\cdots(n-k+1)}{k!}$$
□

注意 1.4.2 $_nC_k$ は n 個から k 個を選ぶ**組合せ数**にほかならない.したがって,(1.4.15)の係数は**2項定理**

$$(a+b)^n = a^n + {}_nC_1 a^{n-1}b + \cdots + {}_nC_k a^{n-k}b^k + \cdots + b^n \tag{1.4.16}$$

における右辺の係数とまったく同じである.なお,組合せ数よりも2項定理の係数であることを強調するときには,$_nC_k$ のことを**2項係数**とよび,記号も変えて

$$\binom{n}{k} = \frac{n(n-1)\cdots(n-k+1)}{k!} \tag{1.4.17}$$

を用いる.これは,後出の n が自然数でない場合の2項展開の扱いになじむ記法でもある.

例 1.4.6 関数 $h = xe^{2x}$ の n 次導関数を求める.$f = e^{2x}$, $g = x$ と考えて(1.4.15)を適用すれば,$g^{(n)} \equiv 0 \ (n \geq 2)$ であるから

$$h^{(n)} = f^{(n)}g + {}_nC_1 f^{(n-1)}g'$$
$$= 2^n e^{2x} \cdot x + n \cdot 2^{n-1} e^{2x} = (2x+n)2^{n-1}e^{2x}$$
□

[定理1.4.1の証明] 方針を示す．一つのやり方は，組合せ数に対する次の漸化式

$$_{n+1}C_k = {}_nC_k + {}_nC_{k-1}$$

を用いる数学的帰納法によるものである．

それに対して，2項定理との関連が把握しやすい次の論法がある．

$$(fg)' = f'g + fg'$$
$$(fg)'' = f''g + f'g' + f'g' + fg''$$

などを少し計算してみると，$(fg)^{(n)}$ は f, g 両者あわせての微分の回数が n となる項 $f^{(n-k)}g^{(k)}$ を集めたものであることがわかる．すなわち，n を固定したとき，しかるべき係数 $C_0, C_1, C_2, \cdots, C_n$ を用いて

$$(fg)^{(n)} = C_0 f^{(n)} g + C_1 f^{(n-1)} g' + \cdots + C_k f^{(n-k)} g^{(k)} + \cdots + C_n f g^{(n)} \tag{1.4.18}$$

と表わされる．係数 $C_0, C_1, \cdots, C_n$ を決定すればよい．

そこで，α, β を定数として，

$$f = e^{\alpha x}, \quad g = e^{\beta x}$$

とおく．$fg = e^{(\alpha+\beta)x}$ であるから，

$$(fg)^{(n)} = (\alpha+\beta)^n e^{(\alpha+\beta)x} \tag{1.4.19}$$

一方，

$$f^{(n-k)} g^{(k)} = (e^{\alpha x})^{(n-k)} (e^{\beta x})^{(k)}$$
$$= \alpha^{n-k} e^{\alpha x} \cdot \beta^k e^{\beta x} = \alpha^{n-k} \beta^k e^{(\alpha+\beta)x} \tag{1.4.20}$$

である．これらを(1.4.18)に代入して $e^{(\alpha+\beta)x}$ で割算すれば，

$$(\alpha+\beta)^n = C_0 \alpha^n + C_1 \alpha^{n-1} \beta + \cdots + C_k \alpha^{n-k} \beta^k + \cdots + C_n \beta^n$$

が任意の実数 α, β に対して成り立つことになる．これは2項定理そのものである．よって，定理1.4.1が得られる．

(e) 関数の合成と導関数

$y = f(u), u = g(x)$ のような二つの関数関係があるとき，u を仲立ちとして，y は x の関数となる．すなわち

$$y = h(x) = f(g(x)) \tag{1.4.21}$$

がそれである．

§1.4 導関数とその計算

写像として値の対応を見る立場からいえば，h は x から u への写像 g と，u から y への写像 f を合成したものである（図 1.4.2 参照）．h を関数 f, g の**合成関数**といい，写像の合成に対する記号を援用して，$h = f \circ g$ で表わす．すなわち

$$(f \circ g)(x) = f(g(x)) \tag{1.4.22}$$

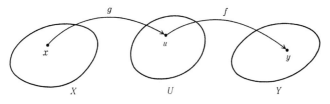

図 1.4.2

合成関数の微分の公式は高校で既習である．f, g が微分可能ならば，$h = f \circ g$ も微分可能で

$$(f \circ g)'(x) = \frac{d}{dx} f(g(x))$$
$$= f'(g(x)) g'(x) \tag{1.4.23}$$

が成り立つ．ただし，(1.4.23) の右辺の $f'(g(x))$ は $f'(u)$ の u のところに $u = g(x)$ を代入したものである．したがって，(1.4.23) は，次のように書いた方が印象的である．

$$\frac{d}{dx}(f \circ g) = f'(u) \cdot g'(x) \qquad (\text{ただし } u = g(x)) \tag{1.4.24}$$

あるいは，さらに

$$\frac{dy}{dx} = \frac{dy}{du} \cdot \frac{du}{dx} \qquad (\text{ただし } u = g(x)) \tag{1.4.25}$$

(1.4.23) の証明の概略．x の微小な増分 $\varDelta x$ に対応する u の増分を $\varDelta u$ とし，さらに $\varDelta u$ に対応する y の増分を $\varDelta y$ とすれば，

$$\varDelta y = f'(u) \varDelta u + o(\varDelta u) \tag{1.4.26}$$
$$\varDelta u = g'(x) \varDelta x + o(\varDelta x) \tag{1.4.27}$$

ところが，$\varDelta x \to 0$ のとき

$$\frac{o(\varDelta u)}{\varDelta x} = \frac{o(\varDelta u)}{\varDelta u} \frac{\varDelta u}{\varDelta x} \to 0 \cdot \frac{du}{dx} = 0$$

であるから，$o(\varDelta u)$ は $o(\varDelta x)$ でもある．このことに注意しながら (1.4.27) を

(1.4.26) に代入すれば,

$$\begin{aligned}
\Delta y &= f'(u)\{g'(x)\Delta x + o(\Delta x)\} + o(\Delta x) \\
&= f'(u)g'(x)\Delta x + f'(u)o(\Delta x) + o(\Delta x) \\
&= f'(u)g'(x)\Delta x + o(\Delta x)
\end{aligned} \quad (1.4.28)$$

となる. $o(\Delta x)$ は一般に, Δx より高位の無限小を表わす記号であるから, $f'(u)o(\Delta x) = o(\Delta x)$, また $o(\Delta x) + o(\Delta x) = o(\Delta x)$ である. Landau の o 記号のこのような使い方に慣れるのも修業の一つである.

(1.4.28) の右辺の Δx に比例する部分の係数が $\dfrac{dy}{dx} = (f \circ g)'(x)$ であるから, (1.4.24) が示された.

これも, すでに今までの項で扱っているが, 合成関数に関連して重要なのは, g が f の**逆関数** f^{-1} である場合である.

$y = f(x)$ がある区間で微分可能であり $f'(x)$ が 0 にならなければ, f の逆関数 f^{-1} が存在し, 微分可能となる. すなわち $y = f(x)$ と $x = f^{-1}(y)$ は同値で

$$(f^{-1})'(y) = \frac{1}{f'(x)} \quad (\text{ただし } x = f^{-1}(y)) \quad (1.4.29)$$

が成り立つが, これは

$$\frac{dx}{dy} = \frac{1}{\dfrac{dy}{dx}} \quad (1.4.30)$$

と書けば印象的である. なお, (1.4.29) で x, y を入れかえれば,

$$(f^{-1})'(x) = \frac{d}{dx}f^{-1}(x) = \frac{1}{f'(y)} \quad (\text{ただし } y = f^{-1}(x))$$

となる. この公式の具体例については, すでに何度も扱っている. (1.4.29) の証明は, "もとの関数の連続性が逆関数に遺伝する" という事実 (両関数のグラフが直線 $y = x$ に関して対称であることから直観的には明らか) を了承すればやさしい. そのとき, $\Delta y \to 0$ ならば $\Delta x \to 0$ となるのだから, $\Delta x = f^{-1}(y+\Delta y) - f^{-1}(y)$ に対して

$$\lim_{\Delta y \to 0} \frac{\Delta x}{\Delta y} = \lim_{\Delta x \to 0} \frac{\Delta x}{\Delta y} = \lim_{\Delta x \to 0} \frac{1}{\dfrac{\Delta y}{\Delta x}}$$

$$= \frac{1}{\displaystyle\lim_{\Delta x \to 0} \dfrac{\Delta y}{\Delta x}} = \frac{1}{\dfrac{dy}{dx}}$$

§1.4 導関数とその計算

により，(1.4.30) の形で望む結果が得られる．

要点 1.4.1 (関数のいろいろなクラス) 定義域が，たとえば，開区間 $I=(a,b)$ である関数について考える．微分可能性などによって定められる**関数のクラス**を導入しておこう．

$I=(a,b)$ で定義され，導関数が n 次まで連続である関数の全体を $C^n(I)$ あるいは $C^n(a,b)$ で表わす．たとえば，$C^1(-1,1)$ は区間 $(-1,1)$ で導関数が（したがって関数自体も）連続な関数の全体である．この文字 C は「連続な」を意味する英語 continuous の頭文字からきている．

例 1.4.7
$$f(x) = \begin{cases} 0 & (x \leq 0) \\ x^4 & (x > 0) \end{cases} \tag{1.4.31}$$

により関数 f を定義すれば，3 次までの導関数は $x=0$ でも連続である．4 次の微分係数は $x=0$ では存在しない．したがって，I を $x=0$ を含む区間，たとえば $(-1,1)$ とすれば $f \in C^3(I)$ であるが，$f \notin C^4(I)$ である　　□

要点 1.4.2 (合成関数の高次導関数)　$h(x)=(f \circ g)(x)=f(g(x))$ の高次の導関数を f, g のそれで簡潔に表わす公式はない．必要に応じて実直に計算するだけである．たとえば，2 次導関数を求めるには，$u=g(x)$ とおいて

$$h'(x) = \left(\frac{\mathrm{d}}{\mathrm{d}u}f(u)\right) \cdot \frac{\mathrm{d}}{\mathrm{d}x}g(x) = f'(u) \cdot g'(x)$$

の両辺を微分して

$$\begin{aligned} h''(x) &= \left(\frac{\mathrm{d}}{\mathrm{d}x}f'(u)\right)g'(x) + f'(u)\left(\frac{\mathrm{d}}{\mathrm{d}x}g'(x)\right) \quad \text{(積の微分法)} \\ &= \left(\left(\frac{\mathrm{d}}{\mathrm{d}u}f'(u)\right) \cdot \frac{\mathrm{d}}{\mathrm{d}x}g(x)\right)g'(x) + f'(u)g''(x) \\ &= f''(u)g'(x)^2 + f'(u)g''(x) \end{aligned}$$

を導けばよい．

同様に，$f(x)$ の逆関数 $f^{-1}(x)$ の 2 次導関数を求めるときは，$y=f^{-1}(x)$ は $x=f(y)$ を意味することに注意しながら

$$\frac{\mathrm{d}y}{\mathrm{d}x} = \frac{\mathrm{d}}{\mathrm{d}x}f^{-1}(x) = \frac{1}{f'(y)}$$

の各辺を x で微分すれば

$$\frac{\mathrm{d}^2 y}{\mathrm{d}x^2} = \frac{\mathrm{d}^2}{\mathrm{d}x^2} f^{-1}(x) = \frac{\mathrm{d}}{\mathrm{d}y}\left(\frac{1}{f'(y)}\right)\frac{\mathrm{d}y}{\mathrm{d}x} \quad (\text{合成関数の微分法})$$

$$= -\frac{f''(y)}{f'(y)^2}\frac{1}{f'(y)} = -\frac{f''(y)}{f'(y)^3} \quad (1.4.32)$$

のように計算すればよい．

例 1.4.8 $f(x) = \mathrm{e}^x$ の逆関数 $f^{-1}(x) = \log x$ を考える．$(f^{-1}(x))'' = \left(\dfrac{1}{x}\right)' = -\dfrac{1}{x^2}$ は分かっているが，(1.4.32) の最右辺を計算してみる．$f(y) = \mathrm{e}^y$ より $f'(y) = \mathrm{e}^y$, $f''(y) = \mathrm{e}^y$, ゆえに (1.4.32) の最右辺は

$$-\frac{\mathrm{e}^y}{(\mathrm{e}^y)^3} = -\frac{1}{(\mathrm{e}^y)^2} = -\frac{1}{x^2}$$

となり，当然ながら正しい結果を与えている． □

区間 I において，何回微分しても連続な導関数が得られる関数の全体を $C^\infty(I)$ で表わす．たとえば，有理整関数，指数関数，$\sin x$, $\cos x$ などは，任意の区間において（数直線全体でもよい），C^∞ のクラスに属している．また，§1.1(b) において考察した

$$f(x) = \begin{cases} \mathrm{e}^{-\frac{1}{x}} & (x > 0) \\ 0 & (x \leq 0) \end{cases}$$

は，$x = 0$ が"式の変わり目"であるが，$x = 0$ を含む任意の区間 I に対しても $C^\infty(I)$ に属している．なお，C^∞ は「シー・無限大」と読むのがふつうである．

閉区間については次のように定義される．$K = [a, b]$ が有界閉区間のとき，自然数 n に対して，$C^n(K) = C^n[a, b]$ とは，次の性質をもつ関数 f の集合である．

f は $C^n(a, b)$ に属し，かつ f の n 次以下の導関数はすべて両端点まで連続である．

例 1.4.9 $f(x) = (1 - x^2)^{\frac{3}{2}}$ $(-1 \leq x \leq 1)$ とおくと，$f \in C^1[-1, 1]$ であるが，$f \notin C^2[-1, 1]$ である．なお，$(-1, 1)$ では，f は何回でも微分できるから $f \in C^\infty(-1, 1)$ である． □

注意 1.4.3 $f \in C^\infty[a, b]$ は，任意の自然数 n に対して $f \in C^n[a, b]$ であることと定義される． □

要点 1.4.3（滑らかな関数） 関数 f が区間 I において**滑らか**であるとは，f

$\in C^1(I)$ のことである.このときには,f のグラフの接線が連続的に変化するから,"滑らか"という表現がふさわしい(ただし,最近では幾何系などの分野では,単に滑らかな関数といって,C^∞ クラスの関数を意味することがあるので要注意).

最後に,関数 f が区間 I で"区分的に滑らか"であるとは,f が I 全体で連続であり,かつ I を有限個の分点で小区間に分けたとき(図 1.4.3 参照),各小区間(閉区間)で f' が連続なことを意味する. □

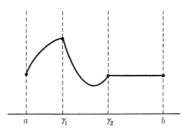

図 1.4.3

§1.5 平均値の定理とその応用

平均値の定理(mean value theorem)は，実数の範囲での微分法のすべての応用の基礎であり，証明はともかくとして，高校の微分法でも扱われている．この節の目的は，将来の活用に不安が残らないように，この重要な定理を正当かつ明快に納得することである．

(a) 平均値の定理の幾何学的表現

平均値の定理の内容を，しばしば高校の教科書で行われるように，グラフによる直観に頼って述べれば次のようになる．

ある区間 I で微分可能な関数 $y=f(x)$ のグラフ C 上に 2 点 A, B をとれば，C 上の点で接線の傾きが割線 AB の傾きと一致するような点 P が弧 AB の間に少なくとも一つ存在する． □

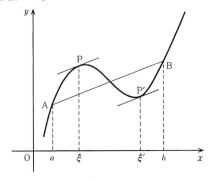

図 1.5.1

図 1.5.1 では，このような点 P が二つ存在し，かつ，それぞれの x 座標が ξ, ξ' である場合がえがかれている．また，上の主張，すなわち条件を満たす P の存在を納得するには，直線 AB を上下に平行移動させ(スライドさせ)，曲線 C から離れる瞬間の接点に着目すればよい．

(b) 平均値の定理とその拡張

上の幾何学的な表現を解析的に言い直した次の定理 1.5.1 がふつうの平均値

の定理であり，その証明は有界閉区間における連続関数の最大値・最小値の存在をよりどころとして行われる．

定理 1.5.1（平均値の定理）　$f(x)$ が閉区間 $[a,b]$ で連続かつ開区間 (a,b) で微分可能のとき

$$f'(\xi) = \frac{f(b)-f(a)}{b-a} \tag{1.5.1}$$

を満たす数 ξ（ただし $a<\xi<b$）が少なくとも一つ存在する．　□

注意 1.5.1　ξ は a,b による．また，a,b の大小が変わっても通用する形を望むならば，$\xi = a+(b-a)\theta$ とおいて，定理の結論を

$$\frac{f(b)-f(a)}{b-a} = f'(a+(b-a)\theta)$$

を満たす θ（ただし $0<\theta<1$）が存在すると表現すればよい．

定理 1.5.1 の証明のために，次の二つの補題を準備しよう．

補題 1.5.1　$f(x)$ が開区間 I の内部の点 $x=\xi$（端点ではない I の点）で I における最大値または最小値をとり，かつそこで微分可能ならば，$f'(\xi)=0$ である．

［証明］　まず，$f(\xi)$ が最小値である場合を考える．I の任意の点 x に対して $f(x)-f(\xi) \geqq 0$ であるから，$x<\xi$ のとき，$x>\xi$ のとき，それぞれ

$$\frac{f(x)-f(\xi)}{x-\xi} \leqq 0, \quad \frac{f(x)-f(\xi)}{x-\xi} \geqq 0$$

である．左側の式で $x \to \xi-0$ とすれば，左微分係数 $\leqq 0$ という不等式が，右側の式で $x \to \xi+0$ とすれば，右微分係数 $\geqq 0$ という不等式がえられる．ところが $f(x)$ は $x=\xi$ で微分可能なのだから左右の微分係数は一致する．したがって $f'(\xi)=0$ である（図 1.5.2 を参照）．最大値の場合も同様．■

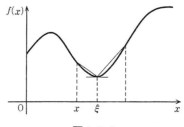

図 1.5.2

補題 1.5.2 (Rolle の定理) $f(x)$ が閉区間 $[a,b]$ で連続かつ開区間 (a,b) で微分可能であって $f(a)=f(b)$ を満たすならば，$f'(\xi)=0$ となる点 ξ が，$a<\xi<b$ の範囲内に少なくとも一つ存在する．

［証明］ もしも $f(x)$ が $a\leqq x\leqq b$ で定数に等しいならば ξ として何をとってもよい．そこで $f(x)$ は定数でないとする．f の $[a,b]$ における最大値・最小値の存在は保証されている (系 1.1.1 参照)．両端での共通値が最小値ならば，最大値は区間内部の点でとられる．その点 (ξ とする) で微分可能だから，上の補題により $f'(\xi)=0$ である．もしも両端での値が最小値でないならば，こんどは区間内部の点 ξ で最小値をとるから，$f'(\xi)=0$ となる． ∎

［定理 1.5.1 の証明］ (1.5.1) の右辺を K で表わし，
$$g(x) = f(x) - K(x-a)$$
とおくと，$g(a)=g(b)=f(a)$ であるから，$g(x)$ は補題 1.5.2 の条件を満たす．よって，$g'(\xi)=0$，すなわち $f'(\xi)=K$ となる ξ が $a<\xi<b$ の範囲に存在する． ∎

平均値の定理の拡張に次のものがある．

定理 1.5.2 (Cauchy の平均値の定理) $f(x), g(x)$ がともに区間 $[a,b]$ で連続，かつ区間 (a,b) で微分可能であり，そこで $g'(x)\neq 0$ であれば
$$\frac{f'(\xi)}{g'(\xi)} = \frac{f(b)-f(a)}{g(b)-g(a)} \tag{1.5.2}$$
を満たす点 ξ (ただし $a<\xi<b$) が少なくとも一つ存在する．

［証明］ $h(x)=\{g(b)-g(a)\}\{f(x)-f(a)\}-\{f(b)-f(a)\}\{g(x)-g(a)\}$ とおくと，$h(x)$ が補題 1.5.2 の条件を満たすことから導かれる． ∎

注意 1.5.2 (1.5.2) の右辺は，区間 $[a,b]$ における f, g それぞれの増分の比である．この比を (1.5.1) の右辺のように一つの関数の平均変化率の問題に帰着させるために
$$t = g(x), \quad x = g^{-1}(t) \tag{1.5.3}$$
と変数変換してみる．このときに，$f(x)$ は $f(g^{-1}(t))$ となり t の関数とみなすことができる．そこで，$F(t)=f(g^{-1}(t))$，$\alpha=g(a)$，$\beta=g(b)$ とおけば，定理 1.5.1 により
$$K_1 \equiv \frac{f(b)-f(a)}{g(b)-g(a)} = \frac{F(\beta)-F(\alpha)}{\beta-\alpha} = F'(\xi) \tag{1.5.4}$$
が成り立つような ξ が α と β の間に存在している．

§1.5 平均値の定理とその応用

ところが合成関数の微分の公式と逆関数の微分の公式により，
$$F'(t) = f'(g^{-1}(t))\frac{\mathrm{d}}{\mathrm{d}t}g^{-1}(t) = \frac{f'(x)}{g'(x)}$$
であるから，結局，$K_1 = f'(\xi)/g'(\xi)$ が得られる．

(c) 関数の増減と導関数の符号

導関数 $f'(x)$ の符号を調べて，関数 $f(x)$ の増減を判定する方法はすでに大いに用いたが，その基礎は平均値の定理の系ともいえる以下の定理にある．

定理 1.5.3 区間 I において，$f'(x) \equiv 0$ ならば，I において $f(x)$ は定数関数である．

[証明] I に属する 2 点 a, b をとれば，a, b の間のある数 ξ に対して
$$f(b) - f(a) = (b-a)f'(\xi)$$
ところが，$f'(x) \equiv 0$ であるから，$f(b) = f(a)$. ここで，a を固定し，b を I の中で動かして考えれば
$$f(x) \equiv f(a) \qquad (x \in I)$$
が得られる． ∎

定理 1.5.4 区間 I において，つねに $f'(x) > 0$ ならば，関数 $f(x)$ は I において狭義の増加関数である．

逆に，I において，つねに $f'(x) < 0$ ならば，関数 $f(x)$ は I において狭義の減少関数である． □

注意 1.5.3 関数 $f(x)$ が区間 I において，狭義の増加関数であるとは，I に属する二つの数 x_1, x_2 について
$$x_1 < x_2 \implies f(x_1) < f(x_2) \tag{1.5.5}$$
が成り立つことである．逆に，狭義の減少関数であるとは，
$$x_1 < x_2 \implies f(x_1) > f(x_2) \tag{1.5.6}$$
が成り立つことである．

なお，(1.5.5), (1.5.6) の右側の $<, >$ を $\leqq, \geqq$ でおきかえれば，それぞれ(広義の)増加関数，減少関数の定義となる．このような狭義，広義の使い分けは，それほど統一されていない．たとえば，増加といえば狭義増加(strictly increasing)のことであり，広義の増加は非減少(non-decreasing)と表現する流儀もある．要は，他人の書いたものは文脈から判定し，自分が書くときは的確で間違いのない用語を用いるように心掛ければよい．

[証明] I から $x_1 < x_2$ であるような任意の二つの数をとれば，
$$f(x_2) - f(x_1) = (x_2 - x_1) f'(\xi) \tag{1.5.7}$$
が成り立つような ξ が x_1 と x_2 の間に存在する．したがって，つねに $f'(x) > 0$ ならば (1.5.5) が，つねに $f'(x) < 0$ ならば (1.5.6) がそれぞれ従う． ∎

(d) 極大・極小

関数 $f(x)$ が $x = c$ で**極大(極小)**であるとは，$f(c)$ が $x = c$ のある近傍における狭義の最大値(最小値)になっていることである．極大・極小を合わせて**極値**という．$x = c$ で $f(x)$ が極値をとるとき，$f'(c)$ が存在すれば，補題 1.5.1 によって，$f'(c) = 0$ である．

また，連続関数 $f(x)$ が $x = c$ の前後で増加から減少へ(減少から増加へ)とふるまいを変えれば，$f(x)$ は $x = c$ で極大(極小)である(図 1.5.3)．

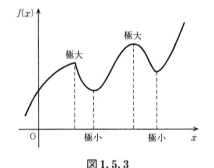

図 1.5.3

要点[#] **1.5.1（反復法への応用）** たとえば，閉区間 $K = \left[0, \dfrac{\pi}{2}\right]$ の範囲で，方程式
$$x = \frac{1}{2} \cos x \tag{1.5.8}$$
の根(解)を求める問題を考える．このような根が存在することは，次の考察からわかる．
$$h(x) = x - \frac{1}{2} \cos x$$
とおけば，h はもちろん K で連続である．そうして $h(0) = -\dfrac{1}{2}$，$h\!\left(\dfrac{\pi}{2}\right) = \dfrac{\pi}{2}$ であるから，連続関数に対する中間値の定理により K の中に $h(\alpha) = 0$ となる

a, すなわち, (1.5.8) の解が存在するのである.

つぎに, a を近似的に求めることを考える. そのような方法の一つに**反復法**(**逐次代入法**, iteration)がある. やや一般の形で述べよう. いま, 閉区間 $K = [a, b]$ において, 与えられた連続関数 $f(x)$ に対し

$$x = f(x) \tag{1.5.9}$$

の根を求める問題を考える ($f(x) = \frac{1}{2}\cos x$ とおけば, (1.5.8) はこの形の方程式である). なお, $x = a$ が (1.5.9) の根であることは, $a = f(a)$ が成り立つことであり, それは $x = a$ を f に代入しても, もとと同じ値であることを意味している. したがって, (1.5.9) の根 a は $f(x)$ の**不動点**(fixed point)とよばれる. すなわち, (1.5.9) を解く問題は, 区間 K における $f(x)$ の不動点を求める問題である.

さて, 最初に選んだ不動点 a の近似値を x_0 とおく(上手な人は x_0 を上手に選ぶ). それを $f(x)$ に代入して $f(x_0) = x_0$ となるならば, いきなり根が見つかったことになる. そうでないときは, $x_1 = f(x_0)$ とおいて, x_1 を次の近似値とする. $f(x_1) = x_1$ が成立すれば x_1 が根である. そうでないときは, $x_2 = f(x_1)$ とおいて, x_2 を次の近似値とする…. この操作をつづけて(途中で根がピタリと求まれば完了するが一般にそんなにうまくはいかない), 近似列 $x_0, x_1, x_2, \cdots, x_n, \cdots$ を構成する. すなわち, 数列 $\{x_n\}$ を

$$\begin{cases} x_0 & \text{最初に選ぶ(initial guess)} \\ x_{n+1} = f(x_n) & (n = 1, 2, \cdots) \end{cases} \tag{1.5.10}$$

により定義するのである. この x_n が K に属する数 a に収束すれば, その極限値 a が求める根である. 実際, $x_n \to a$ ならば $x_{n+1} \to a$ であり, f は連続であるから, (1.5.10) の両辺の極限をとって $a = f(a)$ が得られる.

問題は, f がどのような条件を満たすときに反復法による近似列 $\{x_n\}$ が収束するかである. それについて次の定理が成り立つ.

定理 1.5.5 $f(x)$ の閉区間 $K = [a, b]$ における値域が K に含まれ(すなわち, $f: K \to K$), かつ $0 \leq r < 1$ を満足する定数 r に対して

$$|f'(x)| \leq r \quad (x \in K)$$

が成り立つならば, (1.5.10) による近似列 $\{x_n\}$ は, K から選んだ任意の $x_0 \in$

K に対して収束列となって，その極限 a は f の K におけるただ一つの不動点である．

［証明］　まず，$f: K \to K$ であるから，$x_0 \in K$ より $x_1 \in K$, $x_2 \in K$, … がわかる．すなわち，$\{x_n\}$ は K に属する数列である．次に，$x_{n+1}=f(x_n)$, $x_n=f(x_{n-1})$ を辺々引き算すれば，平均値の定理を用いて，

$$x_{n+1}-x_n = f(x_n)-f(x_{n-1}) = (x_n-x_{n-1})f'(\xi)$$

を得る．もちろん ξ は x_n と x_{n-1} の間の数である．よって，$|f'(\xi)| \leq r$ から

$$|x_{n+1}-x_n| \leq r|x_n-x_{n-1}| \quad (n=1,2,\cdots) \quad (1.5.11)$$

となる．この漸化不等式をくり返し用いれば

$$|x_{n+1}-x_n| \leq r^n|x_1-x_0| \quad (n=0,1,\cdots)$$

が得られる．$0 \leq r < 1$ により，$\sum_{k=0}^{\infty} r^k |x_1-x_0|$ は級数 $\sum_{k=0}^{\infty}(x_{k+1}-x_k)$ に対して，収束する優級数になっている．よって，$\lim_{n \to \infty} x_n = \sum_{k=0}^{\infty}(x_{k+1}-x_k)+x_0$ が存在することがわかる．$\lim_{n \to \infty} x_n = a$ とおけば，$a \leq x_n \leq b$ より $a \leq a \leq b$, すなわち $a \in K$ である．また(1.5.10)より $a=f(a)$ が得られる．

K の中の不動点の一意性を示そう．β も K に属する f の不動点とすれば，$a=f(a)$, $\beta=f(\beta)$ より

$$|a-\beta| = |f(a)-f(\beta)| \leq r|a-\beta|$$

が，やはり平均値の定理から導かれる．よって

$$(1-r)|a-\beta| \leq 0$$

$1-r>0$ であるから，これより $|a-\beta| \leq 0$. すなわち，$a=\beta$ となり，不動点の一意性が示された．■

いささか大仰な形で定理を述べたのは，この定理の自然な一般化が**縮小写像の原理**として理論的にも応用面でも大いに活用されるからである．なお，$f(x) = \frac{1}{2}\cos x$ を用いた上の実例に対して，$K=\left[0, \frac{\pi}{2}\right]$, $r=\frac{1}{2}$ として定理が適用できることは明らかであろう．

(e)　**不定形の極限値への応用**

いわゆる $0/0$ の不定形の極限値を求める便利な方法として L'Hospital の公式がある（大学受験生にとっての"飛び道具"でもある）．Cauchy の平均値の定

理の応用として,その証明を与えておこう.

定理 1.5.6 (L'Hospital の定理) $f(x)$ と $g(x)$ が $x=a$ の近く(ただし $x=a$ は不問とする)で微分可能,$g(x) \neq 0$, $g'(x) \neq 0$ を満たし,かつ $\lim_{x \to a} f(x) = \lim_{x \to a} g(x) = 0$ ならば

$$\lim_{x \to a} \frac{f(x)}{g(x)} = \lim_{x \to a} \frac{f'(x)}{g'(x)} \tag{1.5.12}$$

が成り立つ.すなわち,両辺は同じ値に収束するか,ともに同じ型の発散をする.また,a は有限な値でも $\pm\infty$ でもよく,右左極限の場合でもよい.

[証明] まず a が有限な場合を考える.$f(a)=0$, $g(a)=0$ と値をとり直せば $f(x)$ も $g(x)$ も $x=a$ において連続になる.$a<b$ を満たす b を a の近くにとれば,定理 1.5.2 の条件が満たされるから

$$\frac{f(b)}{g(b)} = \frac{f(b)-f(a)}{g(b)-g(a)} = \frac{f'(\xi)}{g'(\xi)} \tag{1.5.13}$$

を満たす ξ が a と b の間に存在する.ここで $b \to a+0$ とすると,$\xi \to a+0$ となり,したがって,(1.5.13)の最左辺の極限である $\lim_{x \to a+0} f(x)/g(x)$ と最右辺の極限である $\lim_{x \to a+0} f'(x)/g'(x)$ とは一致する.$a>b$ のように b をとれば,同様にして $\lim_{x \to a-0}$ の場合が示される.両者を合わせれば,$\lim_{x \to a}$ についての結果が得られる.

最後に,$a = \pm\infty$ の場合を考える.このときは,$\theta = \pm\tan^{-1} x$ とおいて $\theta \to \frac{\pi}{2} - 0$ の極限に書き直して考察すればよい. ■

なお,L'Hospital の定理は ∞/∞ の不定形に対しても有効であるが,その証明は面倒である(第 II 冊末の付録 A.1 参照).

(f) 凸関数への応用

区間 $K = [a, b]$ において定義された関数 $f(x)$ が凸関数(convex function)であるとは,そのグラフ上の 2 点 P, Q を結ぶ線分が,曲線 $y = f(x)$ の P, Q 間の弧よりも上方にあることである(図 1.5.4).

$P = (p, f(p))$, $Q = (q, f(q))$ $(p<q)$ とおけば,線分 PQ を $t : 1-t$ (ただし,$0<t<1$)に分かつ点の x 座標および y 座標は,それぞれ

$$x_t = (1-t)p + tq, \qquad y_t = (1-t)f(p) + tf(q)$$

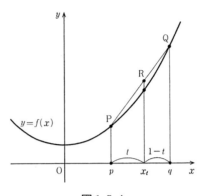

図 1.5.4

で与えられるから，$f(x)$ が凸であるための条件は

$$y_t \equiv (1-t)f(p) + tf(q) \geq f(x_t) \equiv f((1-t)p + tq) \quad (1.5.14)$$

が成り立つことである．線分の両端を含めて考えれば，$0 \leq t \leq 1$ および任意の $p, q \in K$ に対して $(1.5.14)$ が成り立つとき，f は K で凸関数である．

さて，f が微分可能であるとすれば，凸関数の特長づけに関して次の定理が成り立つ．

定理 1.5.7 微分可能な f が区間 K において凸関数であるための条件は，K で導関数 f' が増加関数であることである．　　□

系 1.5.1 2階微分可能な f が区間 K において凸関数であるための条件は，K で $f''(x) \geq 0$ が成り立つことである．　　□

定理から系が従うことは明らかであろう．定理 1.5.7 の証明は次のようになる．

［定理 1.5.7 の証明］　まず，f は凸であり $(1.5.14)$ が成り立つとする．$x = x_t$ と $x = q$ との間の平均変化率を $(1.5.14)$ を考慮して評価すれば，

$$\frac{f(q) - f(x_t)}{q - x_t} \geq \frac{f(q) - \{(1-t)f(p) + tf(q)\}}{q - ((1-t)p + tq)}$$

$$= \frac{(1-t)(f(q) - f(p))}{(1-t)(q-p)} = \frac{f(q) - f(p)}{q - p}$$

したがって，$x_t \to q$ にすると

§1.5 平均値の定理とその応用

$$f'(q) \geqq \frac{f(q)-f(p)}{q-p}$$

が得られる．同様に，$x=p$ と $x=x_t$ との間の平均変化率の考察から，$f'(p) \leqq (f(q)-f(p))/(q-p)$ が得られる．

すなわち，$p<q$ ならば

$$f'(p) \leqq \frac{f(q)-f(p)}{q-p} \leqq f'(q) \tag{1.5.15}$$

である．(1.5.15)は凸関数のグラフにおける割線と接線の傾きの関係を示すものであるが，特に $f'(p) \leqq f'(q)$ を意味している．これで証明の前半が終わった．

次に，f' が K で増加関数であると仮定しよう．平均値の定理によれば，$f(q)-f(x_t)=(q-x_t)f'(\xi)$ が $x_t<\xi<q$ を満たす ξ に対して成り立つ．f' の増加性により $f'(\xi) \geqq f'(x_t)$ であるから，上式より

$$f(q)-f(x_t) \geqq (q-x_t)f'(x_t) \tag{1.5.16}$$

である．同様にして，

$$f(x_t)-f(p) = (x_t-p)f'(\eta) \leqq (x_t-p)f'(x_t)$$

ただし，η は $p<\eta<x_t$ を満たす数である．すなわち

$$f(p)-f(x_t) \geqq (p-x_t)f'(x_t) \tag{1.5.17}$$

(1.5.17)×(1−t)+(1.5.16)×t を行なうと，$(1-t)f(p)+tf(q)-f(x_t) \geqq 0$，すなわち(1.5.14)が得られる． ∎

§1.6 Taylor の定理

平均値の定理における式(1.5.1)は
$$f(b) = f(a) + f'(\xi)(b-a)$$
と変形できる．これをさらに進めれば，$f(x)$ が 2 階微分可能のとき
$$f(b) = f(a) + f'(a)(b-a) + \frac{1}{2!}f''(\xi)(b-a)^2 \qquad (1.6.1)$$
が成り立つことが期待できる．実は，一般に次の定理が成り立つ．

定理 1.6.1 (Taylor の定理) $f(x)$ が a, b を含むある開区間 I で n 階微分可能であれば，
$$f(b) = f(a) + f'(a)(b-a) + \frac{1}{2!}f''(a)(b-a)^2 + \cdots$$
$$+ \frac{1}{(n-1)!}f^{(n-1)}(a)(b-a)^{n-1} + \frac{1}{n!}f^{(n)}(\xi)(b-a)^n$$
$$(1.6.2)$$
を満たす ξ が a と b の間に存在する．

[証明] まず，$n=2$ の場合を示そう．
$$K = \frac{1}{(b-a)^2}\{f(b) - f(a) - f'(a)(b-a)\} \qquad (1.6.3)$$
とおく．これは定数である．ここで，補助関数
$$g(x) = f(b) - f(x) - f'(x)(b-x) - K(b-x)^2$$
を導入すれば，$g(x)$ は微分可能であり，しかも $g(a)=0$, $g(b)=0$ なので，補題 1.5.2 により，$g'(\xi)=0$ を満たす ξ が a と b の間に存在する．ところで，$g'(x) = -f''(x)(b-x) + 2K(b-x)$ であるから，$K = f''(\xi)/2$．これと (1.6.3) から (1.6.1) が得られる．

一般の n の場合は
$$K = \frac{1}{(b-a)^n}\left\{f(b) - \sum_{k=0}^{n-1}\frac{1}{k!}f^{(k)}(a)(b-a)^k\right\}$$
とおき，
$$g(x) = f(b) - \sum_{k=0}^{n-1}\frac{1}{k!}f^{(k)}(x)(b-x)^k - K(b-x)^n$$

§1.6 Taylorの定理

を導入して,上と同じ論法をたどれば,(1.6.2)が導かれる. ∎

注意 1.6.1 $f(a)$ を $f^{(0)}(a)$ と書けば,(1.6.2)の右辺は

$$\sum_{k=0}^{n-1}\frac{1}{k!}f^{(k)}(a)(b-a)^k+\frac{1}{n!}f^{(n)}(\xi)(b-a)^n \tag{1.6.4}$$

と表わすことができる.

$R_n = \frac{1}{n!}f^{(n)}(\xi)(b-a)^n$ を,Taylor の定理における n 次の**剰余項**という(剰余とは"アマリ"の意味である).

Taylor の定理における剰余項以外の部分は,$f(b)$ を $b-a$ の $(n-1)$ 次多項式で近似するものとみなすことができる.実際,$f^{(n)}(x)$ が $x\to a$ のとき有界ならば,b の代わりに x と書いて

$$f(x) = f(a)+f'(a)(x-a)+\cdots+\frac{f^{(n-1)}(a)}{(n-1)!}(x-a)^{n-1}+O((x-a)^n) \tag{1.6.5}$$

が $x=a$ の近くで成り立つ.いいかえれば,Taylor の定理は,一般の関数の,多項式による近似の最も基本的なものである.

さらに,$f^{(n)}(x)$ の区間での有界性がわかっているときには,次の評価式が成り立つ.

定理 1.6.2 区間 $I=(a, b)$ において,$|f^{(n)}(x)| \le M$ が定数 M に対して成り立つとする.このとき,I の任意の2点 x, x_0 に対して次の不等式が成り立つ.

$$\left|f(x)-\sum_{k=0}^{n-1}\frac{f^{(k)}(x_0)}{k!}(x-x_0)^k\right| \le \frac{M}{n!}|x-x_0|^n$$

すなわち,$|\theta| \le 1$ を満たす θ を用いて

$$f(x) = \sum_{k=0}^{n-1}\frac{f^{(k)}(x_0)}{k!}(x-x_0)^k+\frac{\theta M}{n!}(x-x_0)^n$$

と表わすことができる. ∎

例 1.6.1 $\quad f(x) = e^{\lambda x} \quad$ (λ は正定数)

$a=0$, $b=x$ として Taylor の定理をあてはめると,$f^{(k)}(0)=\lambda^k$ であるから

$$f(x) = e^{\lambda x} = 1+\frac{\lambda x}{1!}+\frac{\lambda^2 x^2}{2!}+\cdots+\frac{\lambda^{n-1} x^{n-1}}{(n-1)!}+\frac{\lambda^n x^n e^{\lambda \xi}}{n!} \tag{1.6.6}$$

(ただし,ξ は 0 と x との間の数)が得られる.したがって,$|\xi| \le |x|$.よって,

x を $|x|\leq R$ の範囲で考察することにすれば

$$\left|f(x)-\sum_{k=0}^{n-1}\frac{\lambda^k x^k}{k!}\right| \leq \frac{\lambda^n R^n}{n!}e^{\lambda R} \qquad (1.6.7)$$

特に $x\to 0$ に対しては，

$$f(x) = 1+\lambda x+\frac{\lambda^2 x^2}{2!}+\cdots+\frac{\lambda^{n-1}x^{n-1}}{(n-1)!}+O(x^n)$$

である． □

例 1.6.2 $$f(x) = \frac{1}{1-x}$$

$a=0$, $b=x$ として Taylor の定理をあてはめると，$f^{(k)}(0)=\dfrac{k!}{(1-x)^{k+1}}\Big|_{x=0}=k!$ であるから，$\dfrac{f^{(k)}(0)}{k!}=1$．よって

$$f(x) = \frac{1}{1-x} = 1+x+x^2+\cdots+x^{n-1}+\frac{x^n}{(1-\xi)^{n+1}} \qquad (1.6.8)$$

ただし，ξ は 0 と x との間の数である．したがって，$|x|\leq R<1$ の範囲では，剰余項は $|x^n|/(1-R)^{n+1}$ で絶対値がおさえられる．したがって，特に（n を止めて），$x\to 0$ の場合を考えると

$$f(x) = \frac{1}{1-x} = 1+x+x^2+\cdots+x^{n-1}+O(x^n)$$

である． □

この例の場合，実は等比級数の有限和の公式から，剰余項は $x^n/(1-x)$ に等しい．このように，剰余項は上の一般論での $(x-a)^n f^{(n)}(\xi)/n!$ 以外の（もっとシャープな）形で与えられることもあり得る．

(a) Taylor 展開

Taylor の定理における剰余項 $R_n=\dfrac{(x-a)^n}{n!}f^{(n)}(\xi)$（ただし，$\xi$ は a と x との間の数）が，$\lim\limits_{n\to\infty} R_n=0$ を満たすならば，すなわち，x, a を固定して $n\to\infty$ にしたとき $R_n\to 0$ になるならば，

$$\begin{aligned}f(x) &= \sum_{k=0}^{\infty}\frac{f^{(k)}(a)}{k!}(x-a)^k \\ &= f(a)+f'(a)(x-a)+\cdots+\frac{f^{(n)}(a)}{n!}(x-a)^n+\cdots\end{aligned} \qquad (1.6.9)$$

という表示が得られる．一般に，

§1.6 Taylorの定理

$$\sum_{k=0}^{\infty} c_k(x-a)^k = c_0+c_1(x-a)+\cdots+c_n(x-a)^n+\cdots \quad (1.6.10)$$

の形の(変数 x を含む)無限級数を, $x-a$ の**ベキ級数**という($c_0, c_1, \cdots, c_n, \cdots$ はその係数である). すなわち, 上記の状況のもとでは, $f(x)$ のベキ級数表示が得られるのである.

(1.6.10), すなわち $f(x)$ の $x-a$ のベキ級数表示を, $f(x)$ の $x=a$ のまわりでの **Taylor 展開**という. 特に, $x=0$ のまわりの Taylor 展開, すなわち, x のベキ級数表示

$$f(x) = f(0)+f'(0)x+\frac{f''(0)}{2!}x^2+\cdots+\frac{f^{(n)}(0)}{n!}x^n+\cdots \quad (1.6.11)$$

を $f(x)$ の **Maclaurin 展開**という.

後節(第II巻)で学ぶように, ベキ級数で表示される関数はいろいろな良い性質をもっている. すなわち, Taylor 展開可能な関数は良い性質をもつのである. 一方, どのような関数が Taylor 展開可能であるかという考察は, 複素関数論の舞台で明快に解決をみるのである.

ここでは, 基本的な初等関数について例示的な考察を行なうにとどめよう(しかし, その結果は解析の実践的算法として重要である!).

(b) Taylor 展開の例

いくつかの基本的な初等関数について, 原点のまわりの Taylor 展開, すなわち Maclaurin 展開を例示しておこう.

例 1.6.3 $$f(x) = \frac{1}{1+x} = (1+x)^{-1}$$

この関数は

$$f(x) = 1-x+x^2+\cdots+(-1)^{n-1}x^{n-1}+\cdots \quad (-1<x<1) \quad (1.6.12)$$

と展開される. この場合の剰余項 R_n は 0 と x の間の数 ξ を用いて $(-1)^n x^n/(1+\xi)^{n+1}$ と表わされるので, $-\frac{1}{2}<x<1$ に対しては確かに $R_n\to 0$ である. しかし, 等比数列の公式から明らかなように, (1.6.12)は $|x|<1$ の範囲で成り立つ. 以下の例についても, Taylor の定理から展開可能性が直接わかる範囲にこだわらず, Taylor 展開が可能なできるだけ広い範囲(その一般論は第II巻で扱う)を掲げることにする. □

例 1.6.4 ベキ関数 $f(x)=(1+x)^\nu$ に関して ν が自然数 n ならば，Taylor 展開は 2 項定理と一致する．すなわち

$$f(x) = (1+x)^n$$
$$= 1+nx+\frac{n(n-1)}{2!}x^2+\cdots+\frac{n(n-1)\cdots(n-k+1)}{k!}x^k+\cdots+x^n$$
(1.6.13)

実際，$\left(\dfrac{\mathrm{d}}{\mathrm{d}x}\right)^k(1+x)^n=n(n-1)\cdots(n-k+1)(1+x)^{n-k}$ であるから，(1.6.13) の右辺の係数は $f^{(k)}(0)/k!$ に一致している．

ν が 0 でも自然数でもない定数のときは，(1.6.13)は次の無限級数の形に一般化される．

$$f(x) = (1+x)^\nu$$
$$= 1+\nu x+\frac{\nu(\nu-1)}{2!}x^2+\cdots+\frac{\nu(\nu-1)\cdots(\nu-k+1)}{k!}x^k+\cdots$$
$$= \sum_{k=0}^{\infty}\binom{\nu}{k}x^k \qquad (-1<x<1) \tag{1.6.14}$$

ただし，$\binom{\nu}{k}$ は次式で与えられる一般の 2 項係数である．

$$\binom{\nu}{k} = \frac{\nu(\nu-1)\cdots(\nu-k+1)}{k!} \qquad (k=0,1,2,\cdots) \tag{1.6.15}$$

上にことわったように，(1.6.14)の収束範囲の検証は第 II 巻にゆずるが，係数 $\binom{\nu}{k}$ が $f^{(k)}(0)/k!$ に一致していることは，次の等式から明らかであろう．

$$f^{(k)}(x) = \nu(\nu-1)\cdots(\nu-k+1)(1+x)^{\nu-k} \qquad \square$$

例 1.6.5 対数関数 $f(x)=\log(1+x)$ について，$f(0)=0$, かつ $f^{(k)}(x)=(-1)^{k-1}(k-1)!/(1+x)^k$ $(k=1,2,\cdots)$ であるから，Taylor 展開は

$$f(x) = \log(1+x)$$
$$= x-\frac{x^2}{2}+\frac{x^3}{3}-\frac{x^4}{4}+\cdots+(-1)^{k-1}\frac{x^k}{k}+\cdots \tag{1.6.16}$$

となる．この展開が成り立つ範囲は $-1<x<1$ である． $\square$

例 1.6.6 指数関数 $f(x)=\mathrm{e}^x$ の Taylor 展開は

$$f(x) = \mathrm{e}^x = 1+x+\frac{x^2}{2!}+\cdots+\frac{x^k}{k!}+\cdots \tag{1.6.17}$$

であり，これが成り立つ範囲は $-\infty<x<+\infty$, すなわち任意の実数である．

§1.6 Taylorの定理

この関数の場合は，剰余項 R_n が $R_n = x^n e^\xi / n!$ (ξ は 0 と x の間の数)と表わされるので(x が何であっても，$\lim_{n\to\infty} x^n/n! = 0$ となることを用いれば)，任意の実数 x に対して (1.6.17) が成り立つことがわかる．

同様に，λ を任意の定数として

$$e^{\lambda x} = 1 + \lambda x + \frac{\lambda^2 x^2}{2!} + \cdots + \frac{\lambda^k x^k}{k!} + \cdots \tag{1.6.18}$$

が，$-\infty < x < +\infty$ で成り立つ．特に

$$e^{-x} = 1 - x + \frac{x^2}{2!} - \frac{x^3}{3!} + \cdots + (-1)^k \frac{x^k}{k!} + \cdots \tag{1.6.19}$$

である．

一般に，二つの関数 f, g が x の同じ範囲で Taylor 展開可能であるとき，$f+g$ や αf (α は定数) の Taylor 展開は，f, g の Taylor 展開を項別に加えることにより，また f の Taylor 展開の各項を α 倍することによって得られる．したがって，たとえば，(1.6.17) と (1.6.19) から

$$\cosh x = \frac{e^x + e^{-x}}{2}$$
$$= 1 + \frac{x^2}{2!} + \frac{x^4}{4!} + \cdots + \frac{x^{2n}}{(2n)!} + \cdots \tag{1.6.20}$$

$$\sinh x = \frac{e^x - e^{-x}}{2}$$
$$= x + \frac{x^3}{3!} + \frac{x^5}{5!} + \cdots + \frac{x^{2n-1}}{(2n-1)!} + \cdots \tag{1.6.21}$$

が得られる． □

例 1.6.7 $\quad f(x) = \cos x, \quad g(x) = \sin x$

の Taylor 展開を記そう．

$f^{(k)}(x) = \cos\left(x + \frac{k\pi}{2}\right)$ より $f^{(k)}(0) = \cos\frac{k\pi}{2}$．$k$ が奇数のとき $\cos\frac{k\pi}{2} = 0$，k が 4 の倍数 $4m$ のとき $\cos\frac{k\pi}{2} = \cos 2m\pi = 1$，$k$ が 4 の倍数でない偶数 $4m+2$ のとき $\cos\frac{k\pi}{2} = \cos(2m\pi + \pi) = -1$ であることを用いると，$f(x)$ の Taylor 展開は

$$f(x) = \cos x = 1 - \frac{x^2}{2!} + \frac{x^4}{4!} - \frac{x^6}{6!} + \cdots + \frac{(-1)^n x^{2n}}{(2n)!} + \cdots \tag{1.6.22}$$

となる．この展開が成り立つ範囲は $-\infty < x < +\infty$ である(剰余項を調べて，

各自証明を試みよ）.

同様に，$g^{(k)}(x) = \sin\left(x + \dfrac{k\pi}{2}\right)$ より $g^{(k)}(0) = \sin\dfrac{k\pi}{2}$. k を偶数，奇数 $4m+1$，奇数 $4m+3$ の三つの場合にわけて調べた $g^{(k)}(0)$ の値を用いると，次の Taylor 展開が得られる．

$$g(x) = \sin x = x - \frac{x^3}{3!} + \frac{x^5}{5!} - \cdots + \frac{(-1)^{n-1} x^{2n-1}}{(2n-1)!} + \cdots \quad (1.6.23)$$

この展開が成り立つ範囲も $-\infty < x < +\infty$ である． □

注意 1.6.2 $\cos x$ の展開 (1.6.22) と $\cosh x$ の展開 (1.6.20) とを比較すると，強い類似性があることがわかる．実際，(1.6.20) の各項の x の次数が 4 の倍数ならばそのままに，x の次数が $4m+2$ の形ならば符号を変えて（-1 をつけて）集めたものが $\cos x$ の展開になっているのである．すなわち，(1.6.20) において x を $\mathrm{i}x$（i は虚数単位 $\sqrt{-1}$）で形式的におきかえれば（$\mathrm{i}^2 = -1$, $\mathrm{i}^4 = 1$ だから），$\cos x$ の展開が得られる．いいかえれば

$$\cos x = \cosh(\mathrm{i}x) = \frac{\mathrm{e}^{\mathrm{i}x} + \mathrm{e}^{-\mathrm{i}x}}{2} \quad (1.6.24)$$

同様に（形式的に），(1.6.21) で x を $\mathrm{i}x$ でおきかえ，全体を i で割れば，$\sin x$ の展開 (1.6.23) が得られる．すなわち

$$\sin x = \frac{\sinh(\mathrm{i}x)}{\mathrm{i}} = \frac{\mathrm{e}^{\mathrm{i}x} - \mathrm{e}^{-\mathrm{i}x}}{2\mathrm{i}} \quad (1.6.25)$$

実は，形式的に導いた (1.6.24), (1.6.25) が本当に成立するのである．しかし，これを正当化するには，複素数を変数とする指数関数の定義にもどる必要がある（第 II 冊で実行する）．ここでは，(1.6.24), (1.6.25) から ((1.6.24) + i × (1.6.25) を行なえば）得られるであろう等式

$$\mathrm{e}^{\mathrm{i}x} = \cos x + \mathrm{i} \sin x \quad (1.6.26)$$

が，**Euler の公式**とよばれ，複素数の世界で指数関数と三角関数を結びつけるという驚くべき役割を果たしていることだけを指摘しておこう．

練習問題

(関数の挙動)

[1.1] 次の各関数のグラフをえがき，値域をいえ．
$$f(x) = |x^2-4|, \qquad g(x) = |x^2-4|-x^2$$

[1.2] 同上． $f(x) = \dfrac{x^2-2x+5}{x-1}, \qquad g(x) = \dfrac{x^2-2x-3}{x-1}$

[1.3] 直線 $y=ax+b$ が次の関数のグラフの漸近線になるように定数 a, b の値をそれぞれの関数について定めよ．
$$f(x) = \dfrac{x^2}{x+2}, \qquad g(x) = \dfrac{2x^3+3}{x^2+2x}$$

[1.4] 集合 $S = \left\{ x \,\middle|\, \sin\dfrac{1}{x}=0,\ x>0 \right\}$ の上限，下限をいえ．

[1.5] いま，$x=0$ の近傍で定義された関数 u, v について
$$u = o(x^2), \qquad v = o(x^3) \qquad (x \to 0)$$
がわかっている．次の各項のうちで $x \to 0$ に対して成り立つものはどれか．

(イ) $u+v = o(x^3)$, (ロ) $u+v = o(x^2)$, (ハ) $uv = o(x^3)$

(ニ) $uv = o(x^5)$, (ホ) $\dfrac{u}{1+v} = o(x^2)$

[1.6] 前問の $o(\cdot)$ を $O(\cdot)$ におきかえた問に答えよ．

[1.7] 次の関数のグラフの概形をえがき，値域をいえ．
$$f(x) = e^{-|x|}, \qquad g(x) = xe^{-|x|}$$

[1.8] $x>0$ を定義域とする次の関数のグラフの概形をえがき，値域をいえ．
$$f(x) = x^2 \log x, \qquad g(x) = \log\dfrac{2x}{1+x^2}$$

[1.9] 次の関数の基本周期をいえ．
$$f(x) = |\sin 3x|, \qquad g(x) = \sin 2x + \sin 3x$$

[1.10] $y = \sin^{-1}(\sin 2x)$ のグラフをえがけ．

[1.11] 次の関数を微分せよ．ただし，$-\pi < x < \pi$ とする．

(i) $y = \cos^{-1}\left(\sin\dfrac{x}{2}\right)$ (ii) $y = \cos^{-1}(2\cos^2 x - 1)$

(関数の極限値)

[1.12] $|x| \geq 1$ では $f(x) = \dfrac{x(x+1)}{|x|}$, $|x|<1$ では $f(x) = ax+b$ で表わされる

関数 $f(x)$ がすべての点で連続となるような定数 a, b の値を求めよ.

[1.13]　$x \neq 0$ で定義された次の各項の関数を $f(x)$ とするとき, $f(0)$ を適当に定めれば $x=0$ で連続となるのはどの関数か. また, そのような $f(0)$ の値をいえ.

（ i ）$\dfrac{\sin x}{x}$　（ii）$\dfrac{\sin x}{\sqrt{|x|}}$　（iii）$\sin \dfrac{1}{x}$　（iv）$x \sin \dfrac{1}{x}$

[1.14]　$\lim\limits_{x \to a} f(x) = 2$, $\lim\limits_{x \to a} g(x) = +\infty$ のとき, 次の極限値を求めよ.

（ i ）$\lim\limits_{x \to a} \{f(x) + g(x)\}$　（ii）$\lim\limits_{x \to a} \{f(x) - g(x)\}$

（iii）$\lim\limits_{x \to a} f(x) g(x)$　（iv）$\lim\limits_{x \to a} \dfrac{f(x)}{g(x)}$

[1.15]　次の極限値を求めよ.

（ i ）$\lim\limits_{x \to 0} \dfrac{\log(1+x)}{\tan x}$　（ii）$\lim\limits_{x \to +0} \dfrac{\log(\sin x)}{\log x}$

[1.16]　次の極限値の計算をせよ.

（ i ）$\lim\limits_{x \to +\infty} \left(1 + \dfrac{2}{x}\right)^x$　（ii）$\lim\limits_{x \to +0} (1-x)^{\frac{1}{x}}$　（iii）$\lim\limits_{x \to +\infty} \left(1 + \dfrac{1}{x^2}\right)^x$

（数列の極限値）

[1.17]　$a_n = \dfrac{1}{n} + 2 \sin \dfrac{n\pi}{2}$, $b_n = \sin \dfrac{n\pi}{4}$ $(n=1, 2, \cdots)$ とするとき, $\{a_n\}$ の集積点（集積値）をいえ. また, $\{a_n + b_n\}$ の上極限, 下極限を求めよ.

[1.18]　次の数列の極限値を計算せよ.

（ i ）$a_n = \sqrt[n]{n^2}$　（ii）$b_n = \left(1 - \dfrac{1}{n}\right)^n$　（iii）$c_n = \left(1 + \dfrac{3}{n^2}\right)^n$

[1.19]　$\lim\limits_{n \to \infty} \sqrt[n]{2^n + 3^n}$ を求めよ.

[1.20]　次の級数が収束するかどうかを判定せよ.

（ i ）$\sum\limits_{n=1}^{\infty} \dfrac{1}{\sqrt{n(n+1)}}$　（ii）$\sum\limits_{n=1}^{\infty} \dfrac{n^2}{3^n}$　（iii）$\sum\limits_{n=1}^{\infty} \log\left(1 + \dfrac{1}{n}\right)$

[1.21]　$f(x) = \sum\limits_{n=0}^{\infty} \dfrac{x^2}{(1+x^2)^n}$ のグラフをえがけ.

（導関数とその計算）

[1.22]　$f(x) = e^{x^2}$ とするとき, $f'(x), f''(x)$ を求めよ. 一般に, $f^{(n)}(x) = \{(2x)^n + (n-1)$ 次以下の多項式$\} e^{x^2}$ であることを示せ. ただし, $n \geq 1$ は自然数.

[1.23]　$f(x) = \cos 3x$ とするとき, $f'(x), f''(x)$ を求めよ. また,

$f^{(n)} = 3^n \cos\left(3x + \dfrac{n\pi}{2}\right)$ であることを示せ．

[1.24] $f(x) = \dfrac{1}{\sqrt{1-x}}$ とするとき，$f'(x), f''(x)$ を求めよ．また，$f^{(n)}(x)(1-x)^{n+\frac{1}{2}}$ を計算せよ．

[1.25] x の関数 y が媒介変数表示：$x = 1 - \cos\theta$, $y = \theta - \sin\theta$ で与えられている．$\dfrac{dy}{dx}$ および $\dfrac{d^2y}{dx^2}$ を θ で表わせ．

[1.26] $f(x) = e^{\frac{1}{2}x} \cos\dfrac{\sqrt{3}}{2}x$ とする．$f(x)$ の 3 次導関数および 6 次導関数を計算せよ．

(平均値の定理とその応用)

[1.27] $-\pi < x < \pi$ を定義域として，次の関数の極大値，極小値を求めよ．

(i) $f(x) = \sin^2 x$ (ii) $g(x) = |\sin 2x|$

(iii) $h(x) = \sin x(1 + \cos x)$

[1.28] $f(x) = \sin 3x + ax$ が極値をもたないのは，定数 a がどのような値のときか．

[1.29] $f(x) = \sin x + ax^2$ が $-\infty < x < +\infty$ において凸関数であるのは，定数 a がどのような値のときか．

[1.30] $f(x) = \begin{cases} 0 & (x \leq 0) \\ x\sqrt{x} & (x \geq 0) \end{cases}$ で与えられる関数 $f(x)$ につき，次の各項の真偽をいえ．

(i) $f(x)$ は $-\infty < x < +\infty$ で C^1 クラスである．

(ii) 任意の点 a の近傍において，$f(x)$ の一次近似 $f(a) + (x-a)f'(a)$ の誤差 $e = e(a, x)$ は，2 位の無限小，すなわち $e = O(|x-a|^2)$ $(x \to a)$ である．

演習問題

1.1 関数 $f(x)=\dfrac{x^3}{x^2-3}$ のグラフの漸近線を求めよ．また，$x>\sqrt{3}$ に対する $f(x)$ の値域をいえ．

1.2 関数 $f(x)=\dfrac{x(|x|+x)}{x^2+1}$ のグラフをえがけ．また，$f(x)$ の値域をいえ．

1.3 t を正の定数とするとき，$f(x)=x^2\mathrm{e}^{-tx^2}$ および $g(x)=x\mathrm{e}^{-tx^2}$ について，それぞれの値域を求めよ．

1.4 f, g を $-\infty<x<+\infty$ で連続かつ有界な関数とするとき，次の各項を証明せよ．

(i) $\sup\limits_{-\infty<x<+\infty}\{f(x)+g(x)\} \leq \sup\limits_{-\infty<x<+\infty}f(x)+\sup\limits_{-\infty<x<+\infty}g(x)$

(ii) $\inf\limits_{-\infty<x<+\infty}\{f(x)+g(x)\} \geq \inf\limits_{-\infty<x<+\infty}f(x)+\inf\limits_{-\infty<x<+\infty}g(x)$

(iii) k が正数ならば $\sup\limits_{-\infty<x<+\infty}kf(x) = k\sup\limits_{-\infty<x<+\infty}f(x)$

1.5 $f(x)=\log(x+\sqrt{x^2+1})$ は，$g(x)=\sinh x$ の逆関数であることを示せ．

1.6 $f(x)=\lim\limits_{n\to\infty}\tan^{-1}(nx)$ で定義される関数のグラフをえがき，その連続性を調べよ．

1.7 $x=a$ の近傍で定義された関数 $f(x), g(x)$ が，$0\leq f(x)\leq g(x)$ を満足し，かつ $\lim\limits_{x\to a}g(x)=0$ ならば，$\lim\limits_{x\to a}f(x)=0$ であることを $\varepsilon\delta$ 論法により証明せよ（はさみ打ちの定理の特別の場合）．

1.8 $x=a$ の近傍で定義された関数 $f(x), g(x)$ について，$\lim\limits_{x\to a}f(x)=\lim\limits_{x\to a}g(x)=\beta$ が成り立つとする．このとき，$h(x)=\max\{f(x), g(x)\}$ とおけば，$\lim\limits_{x\to a}h(x)=\beta$ が成り立つことを $\varepsilon\delta$ 論法を用いて示せ．

1.9 区間 I における二つの連続関数 f, g に対して

$$F(x) = \max\{f(x), g(x)\}, \qquad G(x) = \min\{f(x), g(x)\}$$

とおけば，F, G もこの区間で連続であることを説明せよ（この F, G を，それぞれ $f\vee g$, $f\wedge g$ と表わすことがある）．

1.10 次の各項の数列のうち，収束するものはどれか．また，有界ではあるが収束しないものはどれか．後者については，$\limsup$ および $\liminf$ の値をいえ．

(i) $\dfrac{2n}{\sqrt{n+1}}$ 　　　(ii) $\dfrac{n+(-1)^n n}{\sqrt{n+1}}$

(iii) $\dfrac{2n}{\sqrt{n^2+1}}$ (iv) $\dfrac{n+(-1)^n n}{\sqrt{n^2+1}}$

(v) $\dfrac{2n}{\sqrt{n^3+1}}$ (vi) $\dfrac{n+(-1)^n n}{\sqrt{n^3+1}}$

1.11 次の各項を εN 論法により証明せよ．

(i) $\lim_{n\to\infty} a_n = +\infty$ ならば，$\lim_{n\to\infty}\dfrac{1}{a_n}=0$

(ii) $\{a_n\}, \{b_n\}$ が収束数列であり，$a_n \leq b_n\ (n=1,2,\cdots)$ ならば，$\lim_{n\to\infty} a_n \leq \lim_{n\to\infty} b_n$

1.12 次の級数はともに絶対収束である．その理由をいえ．ただし θ は実数の定数である．

$$\frac{\cos\theta}{1^2}+\frac{\cos 2\theta}{2^2}+\frac{\cos 3\theta}{3^2}+\cdots+\frac{\cos n\theta}{n^2}+\cdots$$

$$\frac{\cos\theta}{2}+\frac{\cos 2\theta}{2^2}+\frac{\cos 3\theta}{2^3}+\cdots+\frac{\cos n\theta}{2^n}+\cdots$$

1.13 $n\to\infty$ のとき，

(∗) $1+\dfrac{1}{2}+\dfrac{1}{3}+\cdots+\dfrac{1}{n} = \log n + \gamma + o(1)$

が成り立つことが知られている．ここに，γ は Euler の定数とよばれる正定数である（$\gamma = 0.577215\cdots$）．(∗) を用いて

$$1-\frac{1}{2}+\frac{1}{3}-\frac{1}{4}+\cdots+(-1)^{n-1}\frac{1}{n}+\cdots = \log 2$$

を示せ（本文の式 (1.3.55)）．

1.14 $\{a_n\}$ を正値で単調減少であり，かつ $\lim_{n\to\infty} a_n = 0$ を満たす数列とする．このとき，無限級数

(∗) $a_1 - a_2 + a_3 - a_4 + \cdots + (-1)^{n-1} a_n + \cdots$

が収束することを次の各項を示すことにより導け．

(i) (∗) の $2n$ 項までの部分和 S_{2n} を E_n とおくとき，数列 E_n は増加数列である．

(ii) $E_n \leq a_1$ である．よって，E_n は収束数列である．

(iii) $S_{2n+1} = S_{2n} + a_{2n+1} = E_n + a_{2n+1}$ も E_n と同じ極限に収束する．

1.15 級数 $\dfrac{\log 2}{2^2}+\dfrac{\log 3}{3^2}+\cdots+\dfrac{\log n}{n^2}+\cdots$ は収束することを示せ．

1.16 a を正数とするとき，級数

$$\frac{1}{2^a \log 2}+\frac{1}{3^a \log 3}+\cdots+\frac{1}{n^a \log n}+\cdots$$

が収束するのは，a がどのような条件を満たすときか．また，
$$\frac{1}{2^a \log 2} - \frac{1}{3^a \log 3} + \cdots + \frac{(-1)^n}{n^a \log n} + \cdots$$
についてはどうか．

1.17 $f(x) = \cosh x$, $g(x) = \sinh x$ の n 次導関数を求めよ．

1.18 $f(x) = \dfrac{1}{x^2-1}$ に対し，$f^{(n)}(0)$ を計算せよ．［ヒント：$f(x) = \dfrac{1}{2}\Big(\dfrac{1}{x-1} - \dfrac{1}{x+1}\Big)$ と変形できること(部分分数展開)を用いよ．］

1.19 $f(x) = \dfrac{1}{x^2+1}$ に対し，$f^{(n)}(0)$ を計算せよ．ただし，i を虚数単位として，
$$f(x) = \frac{1}{2\mathrm{i}}\Big(\frac{1}{x-\mathrm{i}} - \frac{1}{x+\mathrm{i}}\Big)$$
と変形し，実係数の場合の微分の公式を形式的に適用してもよい．

1.20 前問の結果を用いて，$g(x) = \tan^{-1} x$ に対し，$g^{(n)}(0)$ を計算せよ．

1.21 n を自然数として
$$L_n(x) = \mathrm{e}^x \frac{\mathrm{d}^n}{\mathrm{d}x^n}(x^n \mathrm{e}^{-x})$$
とおく．次の各項に答えよ．
(i) L_2 および L_3 を計算せよ．
(ii) L_n は n 次の多項式であることを示せ(この多項式は Laguerre の多項式とよばれる)．

1.22 n を自然数として
$$H_n(x) = (-1)^n \mathrm{e}^{x^2} \frac{\mathrm{d}^n}{\mathrm{d}x^n}(\mathrm{e}^{-x^2})$$
とおく．次の各項に答えよ．
(i) $H_2(x)$ および $H_3(x)$ を求めよ．
(ii) $H_n(x)$ は n 次の多項式であることを示せ(この多項式は Hermite の多項式とよばれる)．

1.23 $R^1 = (-\infty, \infty)$ で定義された関数 $\varphi(x)$ が次の 2 条件を満足するとき，φ は急減少関数であるといい，$\varphi \in S(R^1)$ で表わす．
(i) φ は何回でも微分可能である．すなわち，$\varphi \in C^\infty(R^1)$
(ii) k が 0 または自然数で，n が自然数ならば，
$$|x|^n \varphi^{(k)}(x) \to 0 \qquad (|x| \to +\infty)$$
さて，$f(x) = \mathrm{e}^{-x^2}$ につき，$f \in S(R^1)$ であることを示せ．

1.24 開区間 I において，$f(x)$ が微分可能ならば $h \to 0$ のとき，I の各点において次の差分商はいずれも $f'(x)$ に収束することを示せ．
$$\frac{f(x+h)-f(x)}{h}, \quad \frac{f(x)-f(x-h)}{h}, \quad \frac{f(x+h)-f(x-h)}{2h}$$

1.25 上の問題において，
(i) $f'''(x)$ が I において有界ならば，
$$\frac{f(x+h)-f(x-h)}{2h} = f'(x) + O(h^2)$$
であることを示せ．
(ii) $f''''(x)$ が I において有界ならば，
$$\frac{f(x+h)+f(x-h)-2f(x)}{h^2} = f''(x) + O(h^2)$$
であることを示せ．

1.26 閉区間 $K=[0,1]$ において，f, f', f'' がすべて連続であるとする．さらに，$f''(x)$ はある正定数 M に対して
$$|f''(x)| \leq M$$
を満足するという．このとき，$f(x)$ のグラフの両端点 $P=(0, f(0))$，$Q=(1, f(1))$ を結ぶ線分の方程式は
$$y = l(x) = (1-x)f(0) + xf(1)$$
で表わされるが，$l(x)$ と $f(x)$ の差に関して次の評価が成り立つことを示せ．
$$|f(x) - l(x)| \leq \frac{M}{2} x(1-x) \qquad (0 \leq x \leq 1)$$
[ヒント：$F(x) = f(x) - \frac{M}{2}x(1-x)$, $G(x) = -f(x) - \frac{M}{2}x(1-x)$ が K において凸であるかどうかを調べよ．]

1.27 Taylor 展開を利用して，次の各項が成り立つように定数 α, β の値を定めよ．
(i) $\dfrac{1}{1-x} = \alpha \cos x + \beta \sin x + O(x^2) \qquad (x \to 0)$

(ii) $\dfrac{e^x - 1}{x} = \alpha \cos x + \beta \sin x + O(x^2) \qquad (x \to 0)$

(iii) $\dfrac{(\cos x - e^{-\frac{x^2}{2}})^2}{x^8} = \alpha \cos x + \beta \sin x + O(x^2) \qquad (x \to 0)$

1.28 $f(x) = \log(1+x)$ に関し，$|x|<1$ では

$$f'(x) = \frac{1}{1+x} = 1 - x + x^2 - x^3 + x^4 - \cdots$$

が成り立つ．これを形式的に項別積分することによって(少なくとも $|x|$ が十分小さい範囲で)，$f(x)$ の Taylor 展開を導け．

1.29 $f(x) = \tan^{-1} x$ に関し，$|x| < 1$ で

($*$) $\quad f'(x) = \dfrac{1}{1+x^2} = 1 - x^2 + x^4 - x^6 + x^8 - \cdots$

が成り立つ．次の各項に答えよ．

(i) ($*$)を項別積分することにより，$f(x)$ の $x=0$ のまわりでの Taylor 展開を形式的に導け．

(ii)$^\#$ 上の(i)の手順を，不等式
$$\left| \frac{1}{1+x^2} - (1 - x^2 + x^4 - \cdots + (-1)^n x^{2n}) \right| = \frac{x^{2n+2}}{1+x^2} \leq x^{2n+2}$$

および(高校で学んだ)積分の知識を用いて正当化せよ．

ND
第2章

1変数関数の積分法
――その要点と補足――

この章の目的は，第1章の冒頭に記した趣旨にそって積分法の基礎知識を，一方においては高等学校以来の学習を生かしつつ，また，他方においては本格的な応用を志向しながら，効率良く学ぶことである．

§2.1 積分の基礎の概念

この節および次節では，特に断らなければ，$f, g, \cdots$ などの関数は考える区間 K で連続であると仮定しよう．a, b を K の2点とするとき，a から b までの $f(x)$ の**定積分**

$$\int_a^b f(x) \mathrm{d}x \tag{2.1.1}$$

の概念には，読者はすでになじんでおられるはずである．また，本書の第1章でも必要なときには，その値を計算した．上の定積分において，f を**被積分関数** (integrand)，a, b をそれぞれ**下端**，**上端**という．$a < b$ のときは，積分する範囲，すなわち区間 $[a, b]$ を定積分の**積分区間**という．英語では積分は integral であるので，定積分を表わす文字として I が愛用される（もっとも，定積分は definite integral であり，後出の不定積分は indefinite integral である）．

ここでも

$$I = \int_a^b f(x) \mathrm{d}x \tag{2.1.2}$$

とおこう．定積分 I において，x を**積分変数**と呼ぶ．定積分 I の値は，f と a, b のみによって定まり，文字の種類 x にはよらない．すなわち

$$I = \int_a^b f(x)\mathrm{d}x = \int_a^b f(t)\mathrm{d}t = \int_a^b f(u)\mathrm{d}u = \cdots \tag{2.1.3}$$

である．このことを，定積分において，「積分変数はダミーである」と言い表わすことがある．なお，略記法として $\int_a^b f \mathrm{d}x$ と書くことも多い（さらに，$\mathrm{d}x$ をも略す人がいるが，これはすすめられない）．

原始関数と不定積分

定積分の計算には，f の原始関数 (primitive) が必要である．$F = F(x)$ が $f = f(x)$ の**原始関数**であるとは

$$\frac{\mathrm{d}}{\mathrm{d}x}F(x) = f(x) \tag{2.1.4}$$

が，考える区間 K の各点で成り立つことである．

例 2.1.1 n を自然数とするとき，$F(x) = \dfrac{1}{n+1}x^{n+1}$ は数直線全体 $(-\infty, \infty)$ の上で $f(x) = x^n$ の原始関数である． □

例 2.1.2 $F(x) = \log |x|$ は，半無限区間 $R_+ = (0, +\infty)$，あるいは半無限区間 $R_- = (-\infty, 0)$ において $f(x) = 1/x$ の原始関数である． □

例 2.1.3 $F(x) = \sin^{-1} x$ は，区間 $(-1, 1)$ において $f(x) = \dfrac{1}{\sqrt{1-x^2}}$ の原始関数である． □

F が f の原始関数ならば，$F+$（定数）も f の原始関数である．逆に，2つの関数 F, G がともに f の原始関数ならば，両者の差は定数である．実際

$$(F - G)' = F' - G' = f - f \equiv 0$$

により，$F - G =$ 定数．すなわち，$F = G+$（定数）が得られるからである．

したがって，$F(x)$ を $f(x)$ の特定の原始関数とするとき，f の任意の原始関数は $F(x) + C$（C は定数）と表わされる．この任意の付加定数 C を**積分定数**という．（下に記すように，用語法に若干の問題点があるが）f の原始関数を一般に表わす記号として

$$\int f(x)\mathrm{d}x \tag{2.1.5}$$

を用い，これを f の**不定積分**という．

§2.1 積分の基礎の概念

例 2.1.4 n を自然数とするとき，C を積分定数として

$$\int x^n \mathrm{d}x = \frac{1}{n+1}x^{n+1} + C \qquad (-\infty < x < +\infty)$$

$$\int \frac{\mathrm{d}x}{x} = \log x + C \qquad (0 < x < +\infty)$$

$$\int \frac{\mathrm{d}x}{x} = \log(-x) + C \qquad (-\infty < x < 0)$$

$$\int \frac{\mathrm{d}x}{\sqrt{1-x^2}} = \sin^{-1} x + C \qquad (-1 < x < 1)$$

□

注意 2.1.1 支障のないときには，$\int f(x)\mathrm{d}x$ で f の原始関数の特定のものを表わすことがある．たとえば $\int x^n \mathrm{d}x = \frac{1}{n+1}x^{n+1}$ といった書き方が大目に見られる．これは，積分定数をいちいち記すと煩雑になるので省略した略式の表現であると了解される．

f に対して，その原始関数は任意の付加定数を除いて一意である (ひと通りに決まる) ことは上に述べたが，論理的には，原始関数の存在が問題となる．それに対して，次の定理が成り立つ．

定理 2.1.1 f がある区間において連続ならば，その区間において f の原始関数が存在する． □

高校の積分法では，上の定理を暗黙のうちに認めて理屈を立てている．本書でも上の定理の完全な証明を述べるわけではないが，その筋道には，定積分の定義の見直しを行ってから触れるつもりである．

定積分と原始関数

f の原始関数 F が得られると，定積分の値を次の公式によって計算することができる．

(公式) $$\int_a^b f(x)\mathrm{d}x = F(b) - F(a) \qquad (2.1.6)$$

上の公式は，高校の積分法の立場からは，定積分の定義であるともいえる．本格的な積分法では，定積分を近似和の極限として独立に定義するので，上の公式は証明するべき定理である．このことを承知した上では，上の公式は要するに (f の連続性の仮定のもとに) 正しいのであるから，安心して活用すればよい．

なお，上の公式の右辺に現われた $F(b) - F(a)$ を
$$F(x)\,|_a^b \quad \text{あるいは} \quad [F(x)]_a^b$$
で表わすことがある．C を定数とするとき
$$[F(x) + C]_a^b = F(b) + C - (F(a) + C) = F(b) - F(a) = [F(x)]_a^b$$
であるから，上の公式の右辺は，原始関数 F の選び方によらない．なお，f' の連続性を仮定すれば，f が f' の原始関数であるから

（公式）　　$\displaystyle\int_a^b \frac{d}{dx} f\,dx = f(b) - f(a)$

が成り立つ．

さて，被積分関数 f および下端 a を固定し，上端を変数とみなして定積分を考察しよう．そこで

$$H(x) = \int_a^x f(t)\,dt \tag{2.1.7}$$

とおく．なお，この右辺を (文字を節約して積分変数にも x を用いて) $\displaystyle\int_a^x f(x)\,dx$ のように書くことが多い．

次の定理が成り立つ．

定理 2.1.2（微積分法の基本定理）　$H(x)$ は $f(x)$ の原始関数である．すなわち，f の連続性の仮定のもとに

$$\frac{d}{dx}\int_a^x f(t)\,dt = f(x) \tag{2.1.8}$$

が成り立つ． □

証明は，公式 (2.1.6) を前提とすれば簡単である．

$$\frac{d}{dx}\int_a^x f(t)\,dt = \frac{d}{dx}(F(x) - F(a)) = \frac{dF(x)}{dx} = f(x)$$

が成り立つからである．微積分法の基本定理という重々しい名前がついているのは，本筋から言えば，定積分を公式 (2.1.6) とは独立に定義した上で (2.1.8) を導出する証明の厳しさと，さらに，この定理を根拠とする公式 2.1.6 の有用性からである．

注意 2.1.2　上端を変数とみなした $\displaystyle\int_a^x f(t)\,dt = \int_a^x f(x)\,dx$ が本来の用語法による不定積分であるという説もある．

§2.2 定積分の性質と計算法

定積分の性質とそれらを用いた計算法を検討しよう．これらは，事実としては高校での学習により既知であり，一方，本格的な積分法の立場からは定積分の定義の見なおしを経て厳密に証明されるものである．とりあえずは，納得して活用すればよい．

（a） 被積分関数に関する線形性

（公式）
$$\begin{cases} \int_a^b (f+g)\mathrm{d}x = \int_a^b f\mathrm{d}x + \int_a^b g\mathrm{d}x \\ \int_a^b kf\mathrm{d}x = k\int_a^b f\mathrm{d}x \quad (k\text{は定数}) \end{cases}$$

例 2.2.1（多項式の積分） $c_0, c_1, \cdots, c_n$ を係数とするとき

$$\int_a^b (c_0 x^n + c_1 x^{n-1} + \cdots + c_n)\mathrm{d}x = \int_a^b \left(\sum_{k=0}^{n} c_k x^{n-k}\right) \mathrm{d}x$$
$$= \sum_{k=0}^{n} c_k \int_a^b x^{n-k}\mathrm{d}x \quad (2.2.1)$$

□

一般に，$a_1, a_2, \cdots, a_n$ を定数，$f_1, f_2, \cdots, f_n$ を関数とするとき，

$$a_1 f_1 + a_2 f_2 + \cdots + a_n f_n = \sum_{k=1}^{n} a_k f_k$$

は，$f_1, f_2, \cdots, f_n$ の線形結合である．関数の線形結合の積分は，各関数の積分の，同じ係数を用いた線形結合である．すなわち

$$\int_a^b \left(\sum_{k=1}^{n} a_k f_k\right)\mathrm{d}x = \sum_{k=1}^{n} a_k \int_a^b f_k \mathrm{d}x$$

（b） 積分区間の加法性

考える区間内の任意の a, b, c に対し，次の公式が成り立つ．

（公式）　　$$\int_b^a f\mathrm{d}x = -\int_a^b f\mathrm{d}x \tag{2.2.2}$$

（公式）　　$$\int_a^b f\mathrm{d}x + \int_b^c f\mathrm{d}x = \int_a^c f(x)\mathrm{d}x \tag{2.2.3}$$

例 2.2.2 積分区間 (下端から上端までの区間) の部分によって f を表示する式が異なるときには公式 (2.2.3) を「右から左へ」用いて計算することになる．たとえば，

$$\int_{-1}^2 |x|\mathrm{d}x = \int_{-1}^0 |x|\mathrm{d}x + \int_0^2 |x|\mathrm{d}x = \int_{-1}^0 (-x)\mathrm{d}x + \int_0^2 x\mathrm{d}x$$
$$= \left[-\frac{x^2}{2}\right]_{-1}^0 + \left[\frac{x^2}{2}\right]_0^2 = \frac{1}{2} + \frac{4}{2} = \frac{5}{2}$$

□

一般に区間 $[a,b]$ が端点以外は重なりのない有限個の区間 $I_k = [c_k, c_{k+1}]$ ($k = 0, 1, \cdots, n-1$; $c_0 = a, c_n = b$) の和集合で表わされるならば，

$$\int_a^b f\mathrm{d}x = \int_{c_0}^{c_n} f\mathrm{d}x = \sum_{k=0}^{n-1} \int_{c_k}^{c_{k+1}} f\mathrm{d}x$$

が成り立つ．

（c）部分積分法

f の原始関数を F で表わし，g の導関数 g' の連続性を仮定すると，

（公式）　　$$\int_a^b fg\mathrm{d}x = [Fg]_a^b - \int_a^b Fg'\mathrm{d}x \tag{2.2.4}$$

が成り立つ．

上の公式を**部分積分法** (integration by parts) の公式という．与えられた定積分の被積分関数を上手に $f \cdot g$ の形に乗積に分解して適用するのが眼目である．なお，このような実際計算以外にも，部分積分法の公式は理論的に重要な役割を果たしている．

例 2.2.3 $I = \displaystyle\int_1^2 \log x\mathrm{d}x$ に対し，部分積分の公式を $f = 1$, $F = x$, $g = \log x$, $g' = 1/x$ として適用すると，

$$I = [x \log x]_1^2 - \int_1^2 x \cdot \frac{1}{x} \mathrm{d}x = 2\log 2 - \int_1^2 \mathrm{d}x = 2\log 2 - 1$$

が得られる． □

公式 (2.2.4) を導くには，$(Fg)' = fg + Fg'$ を a から b まで積分して得られる等式

$$[Fg]_a^b = \int_a^b fg\mathrm{d}x + \int_a^b Fg'\mathrm{d}x$$

に着目すればよい．

(d) 置換積分法

$\int_a^b f(x)\mathrm{d}x$ の積分区間 $[a,b]$ に対し，区間 $[\alpha,\beta]$ で定義された次の性質を持つ関数 $\varphi = \varphi(t)$ が与えられたものとする．

$$\begin{cases} \varphi \text{ および } \varphi' \text{ は区間 } [\alpha,\beta] \text{ で連続} \\ t \text{ が } \alpha \text{ から } \beta \text{ まで動くとき，} \varphi(t) \text{ は } a \text{ から } b \text{ まで動く} \end{cases}$$

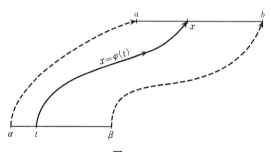

図 2.2.1

このとき，

(公式) $$\int_\alpha^\beta f(x)\mathrm{d}x = \int_\alpha^\beta f(\varphi(t))\varphi'(t)\mathrm{d}t \qquad (2.2.5)$$

が成り立つ (**置換積分の公式**)．

f の原始関数 F を用いて公式を導いておこう．いま，$F(x)$ と $x = \varphi(t)$ の合成関数を $G = G(t)$ とおく．すなわち，$G(t) = F(\varphi(t))$．これを t で微分すれば，

$$G'(t) = F'(\varphi(t))\varphi'(t) = f(\varphi(t))\varphi'(t)$$

すなわち，$G(t)$ は $f(\varphi(t))\varphi'(t)$ の原始関数である．よって

$$\int_\alpha^\beta f(\varphi(t))\varphi'(t)\mathrm{d}t = G(\beta) - G(\alpha) = F(\varphi(\beta)) - F(\varphi(\alpha))$$

$$= F(b) - F(a) = \int_a^b f(x)\mathrm{d}x$$

例 2.2.4 公式 (2.2.5) には，「右辺から左辺へ」の用い方をする場合と，「左辺から右辺へ」の用い方をする場合とがある．たとえば，$I = \int_0^1 \dfrac{t}{t^2+1}\mathrm{d}t$ を計算するのに，$x = t^2 + 1 \equiv \varphi(t)$ とおけば，$\varphi'(t) = 2t$ であるから，

$$I = \frac{1}{2}\int_0^1 \frac{\varphi'(t)}{\varphi(t)}\mathrm{d}t = \frac{1}{2}\int_1^2 \frac{\mathrm{d}x}{x} = \frac{1}{2}[\log x]_1^2 = \frac{1}{2}\log 2$$

この計算では $f(x) = \dfrac{1}{x}$ として，公式を「右辺から左辺へ」用いている．一方，$J = \int_0^{\frac{1}{2}} \sqrt{1-x^2}\mathrm{d}x$ を計算するのに，$x = \sin t \equiv \varphi(t)$ とおけば，t の区間 $[0, \pi/6]$ が x の区間 $[0, 1/2]$ に対応している．また $\sqrt{1-x^2} = \sqrt{1-\sin^2 t} = \cos t$，$\varphi'(t) = \cos t$ であるから

$$J = \int_0^{\frac{\pi}{6}} \cos^2 t\,\mathrm{d}t = \frac{1}{2}\int_0^{\frac{\pi}{6}} (1 + \cos 2t)\mathrm{d}t$$

$$= \frac{1}{2}\left[t + \frac{1}{2}\sin 2t\right]_0^{\frac{\pi}{6}} = \frac{1}{2}[t]_0^{\frac{\pi}{6}} + \frac{1}{4}[\sin 2t]_0^{\frac{\pi}{6}}$$

$$= \frac{\pi}{12} + \frac{1}{4}\frac{\sqrt{3}}{2} = \frac{\pi}{12} + \frac{\sqrt{3}}{8}$$

が得られる．この計算は公式 (2.2.5) を「左辺から右辺へ」と用いたとみなすことができる． □

(e) 大小関係と定積分

下端よりも上端が大きいとき，正値の関数の定積分は正である．すなわち，次の定理が成り立つ．

定理 2.2.1 $a < b$ かつ $f(x) \geqq 0$ $(a \leqq x \leqq b)$ とする．このとき

$$\int_a^b f(x)\mathrm{d}x \geqq 0 \tag{2.2.6}$$

§2.2 定積分の性質と計算法

が成り立つ．特に，f が連続な場合に (2.2.6) の等号が成立するのは，$f(x) \equiv 0$ $(a \leq x \leq b)$ の場合に限る (それ以外の場合は，(2.2.6) は不等号で成り立つ)．

[証明] f の原始関数 F を用いた証明を記せば，$F'(x) = f(x) \geq 0$ であるから，F は区間 $[a, b]$ で増加 (非減少) である．よって $F(b) \geq F(a)$．すなわち $\int_a^b f(x)\mathrm{d}x = [F(x)]_a^b \geq 0$． ∎

上の定理の系として得られる (意外に実用性の高い) いくつかの定理を掲げておこう．

定理 2.2.2 $a < b$ のとき，区間 $[a, b]$ で $f(x) \leq g(x)$ ならば，

$$\int_a^b f(x)\mathrm{d}x \leq \int_a^b g(x)\mathrm{d}x \tag{2.2.7}$$

である．すなわち，定積分は大小関係を保存する．

[証明] $g - f$ に対して，前定理を適用する． ∎

定理 2.2.3 $a < b$ のとき，

$$\left| \int_a^b f(x)\mathrm{d}x \right| \leq \int_a^b |f(x)|\mathrm{d}x \tag{2.2.8}$$

が成り立つ．

[証明] $-|f(x)| \leq f(x) \leq |f(x)|$ はつねに成り立つ．これを a から b まで積分すれば，定理 2.2.2 により

$$-\int_a^b |f(x)|\mathrm{d}x \leq \int_a^b f(x)\mathrm{d}x \leq \int_a^b |f(x)|\mathrm{d}x$$

が得られる．これは (2.2.8) と同値である． ∎

定理 2.2.4 $a < b$ とする．区間 $[a, b]$ における $f(x)$ の最大値を M，最小値を m とすると，

$$m(b-a) \leq \int_a^b f(x)\mathrm{d}x \leq M(b-a) \tag{2.2.9}$$

が成り立つ．特に，(f の連続性の仮定のもとに)

$$\frac{1}{b-a}\int_a^b f(x)\mathrm{d}x = f(\xi) \qquad (a \leq \xi \leq b) \tag{2.2.10}$$

が成り立つような点 $x = \xi$ が存在する．

[証明] 最初の不等式は $m \leq f(x) \leq M$ を a から b まで積分することによっ

て得られる．(2.2.9) から
$$m \leq \frac{1}{b-a}\int_a^b f(x)\mathrm{d}x \leq M$$
となり，$f(\xi)$ が中央の項と一致するような点 ξ の，区間 $[a,b]$ 内における存在 (実は，開区間 (a,b) 内の存在) は，連続関数 f に中間値の定理を適用することによって得られる．

$\dfrac{1}{b-a}\displaystyle\int_a^b f(x)\mathrm{d}x$ を区間 $[a,b]$ の f の**平均値**という．それゆえ，(2.2.10) を満たす ξ の存在を主張する部分を，**積分の平均値の定理**と呼ぶことがある．

要点・補足 2.2.1（偶関数，奇関数，周期関数の積分） $f(x)$ が偶関数のとき
$$\int_{-a}^{a} f(x)\mathrm{d}x = 2\int_0^a f(x)\mathrm{d}x \tag{2.2.11}$$
が成り立つ．すなわち，偶関数を原点に関して対称な区間で積分した値は，右半分における区間での積分の2倍である．

一方，$f(x)$ が奇関数ならば
$$\int_{-a}^{a} f(x)\mathrm{d}x = 0 \tag{2.2.12}$$
が成り立つ．これらの等式は，関数 f のグラフの性質からも納得できるが，計算で示すには定積分 $\displaystyle\int_{-a}^{0} f(x)\mathrm{d}x$ に変数変換 $x=-t$ を行い，偶関数あるいは奇関数の性質を用いればよい．

次に，$f(x)$ が周期 T を持つ周期関数であるとしよう．このとき，a を任意の定数として
$$\int_a^{a+T} f(x)\mathrm{d}x = \int_0^T f(x)\mathrm{d}x \tag{2.2.13}$$
が成り立つ．すなわち，長さがちょうど周期である区間での積分の値は，区間がどこにあっても同じである．(2.2.13) を示すためには
$$J(a) = \int_a^{a+T} f(x)\mathrm{d}x$$
とおき，a の関数とみなして微分してみればよい．そうすると，定理 2.1.1 をちょっと拡張して (下端も変数であるから) 用い，かつ f の周期性に着目すると，

$$J'(a) = f(a+x) - f(a) \equiv 0$$

が得られる．よって，$J(a)$ は a によらない定数であり，特に，$J(a) = J(0)$ である．これで (2.2.13) が示された．

たとえば，グラフからわかるように，$f(x) = |\sin x|$ は周期 π の周期関数である．したがって，n を自然数とするとき，

$$\int_{n\pi}^{(n+1)\pi} |\sin x| dx = \int_0^{\pi} |\sin x| dx$$
$$= \int_0^{\pi} \sin x dx = [-\cos x]_0^{\pi} = 2$$

である． □

§2.3 広義積分

第 1 象限において，関数 $y = e^{-x}$ の下方の部分の面積 S を求めよう．

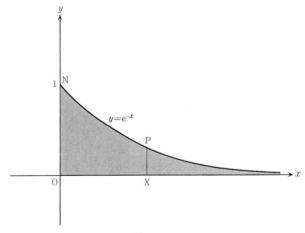

図 **2.3.1**

それには，X を正数としたとき，上の図形 OXPN の面積を $J(X)$ とおき，$X \to +\infty$ にしたときの $J(X)$ の極限値を求めればよい．ただし，O $= (0,0)$, X $= (X, 0)$, N $= (0, 1)$, P $= (X, e^{-X})$ である．

$$J(X) = \int_0^X e^{-x} dx = [-e^{-x}]_0^X = 1 - e^{-X}$$

したがって，$S = \lim_{X \to +\infty} (1 - e^{-X}) = 1$ である．

一般に，半無限区間 $[a, +\infty)$ において $f(x)$ が連続なとき，

$$\lim_{X \to +\infty} \int_a^X f(x) dx$$

が存在すれば，その極限値を $\int_a^{+\infty} f(x) dx$ で表わし，$[a, +\infty)$ における f の**広義(定)積分**という．すなわち

$$\int_a^{+\infty} f(x) dx = \lim_{X \to +\infty} \int_a^X f(x) dx \tag{2.3.1}$$

このとき $\int_a^{+\infty} f(x) dx$ は**収束する**ともいう．(2.3.1) の右辺の極限値が存在しないとき，広義積分 $\int_a^{+\infty} f(x) dx$ は**発散する**，あるいは，**存在しない**という．

例 2.3.1 k を正数とするとき

$$\int_0^{+\infty} e^{-kx} dx = \lim_{X \to \infty} \left[-\frac{e^{-kx}}{k} \right]_0^X = \frac{1}{k}$$

□

例 2.3.2 $\alpha > 1$ のとき

$$\int_1^{+\infty} \frac{dx}{x^\alpha} = \lim_{X \to +\infty} \left[\frac{1}{-\alpha+1} x^{-\alpha+1} \right]_1^X = \frac{1}{1-\alpha} \tag{2.3.2}$$

である．しかし，$\int_1^X \frac{dx}{x} = \log X \to +\infty (X \to +\infty)$ であるから $\int_1^{+\infty} \frac{dx}{x}$ は存在しない．ただし，このようなときは

$$\int_1^{+\infty} \frac{dx}{x} = +\infty \tag{2.3.3}$$

と書いて，$\int_1^X \frac{dx}{x}$ が $+\infty$ に定発散することを明示する記法も行われる．同様に $\alpha < 1$ のときは

$$\int_1^{+\infty} \frac{dx}{x^\alpha} = +\infty \tag{2.3.4}$$

である (各自確認せよ)．□

例 2.3.3 $\int_0^X \cos x dx = \sin X$ であり，これは $X \to +\infty$ のとき (振動して)

収束しない．よって $\int_0^{+\infty} \cos x \mathrm{d}x$ は存在しない．　　□

なお，$\int_a^{+\infty} f(x)\mathrm{d}x$ の代りに $\int_a^{\infty} f(x)\mathrm{d}x$ のように書くことがある．

左側にのびている半無限区間 $(-\infty, b]$ での広義積分は

$$\int_{-\infty}^b f(x)\mathrm{d}x = \lim_{X \to -\infty} \int_X^b f(x)\mathrm{d}x$$

によって定義される．また，数直線全体上での広義積分は

$$\int_{-\infty}^{+\infty} f(x)\mathrm{d}x = \lim_{\substack{X \to +\infty \\ Y \to -\infty}} \int_Y^X f(x)\mathrm{d}x \qquad (2.3.5)$$

により定義される．この定義は，a を任意の定数として

$$\int_{-\infty}^{+\infty} f(x)\mathrm{d}x = \int_{-\infty}^a f(x)\mathrm{d}x + \int_a^{+\infty} f(x)\mathrm{d}x$$
$$= \lim_{Y \to -\infty} \int_Y^a f(x)\mathrm{d}x + \lim_{X \to +\infty} \int_a^X f(x)\mathrm{d}x$$

としても同じことである．

例 2.3.4

$$\int_{-\infty}^{\infty} \mathrm{e}^{-|x|}\mathrm{d}x = \int_{-\infty}^0 \mathrm{e}^{-|x|}\mathrm{d}x + \int_0^{+\infty} \mathrm{e}^{-|x|}\mathrm{d}x$$
$$= \int_{-\infty}^0 \mathrm{e}^x \mathrm{d}x + \int_0^{+\infty} \mathrm{e}^{-x}\mathrm{d}x$$
$$= [\mathrm{e}^x]_{-\infty}^0 + [-\mathrm{e}^{-x}]_0^{+\infty} = 1 + 1 = 2$$

□

上の例で用いたように，$F(x)$ を $f(x)$ の原始関数とするとき，

$$\int_a^{+\infty} f(x) = [F(x)]_a^{+\infty} = F(+\infty) - F(a)$$

といった書き方も，混乱のおそれがないとき，そうして，本来は

$$[F(x)]_a^{+\infty} = \lim_{X \to +\infty} [F(x)]_a^X, \quad F(+\infty) = \lim_{X \to +\infty} F(X)$$

として扱うべきことを承知しているならば，許容される．

要点・補足 2.3.1 $\sin x$ は奇関数であるから $\int_{-X}^{X} \sin x \mathrm{d}x = 0$ である．したがって

$$\lim_{X \to +\infty} \int_{-X}^{X} \sin x \mathrm{d}x = 0 \tag{2.3.6}$$

は成り立っている．しかし，

$$\int_{Y}^{X} \sin x = \cos X - \cos Y$$

であるから，X と Y が独立に $X \to +\infty, Y \to -\infty$ となった場合の極限値は存在しない．したがって

$$\int_{-\infty}^{+\infty} \sin x \mathrm{d}x \text{ は存在しない}$$

とするべきである．それに対して，(2.3.6) の左辺の極限値を $\int_{-\infty}^{+\infty} f(x)\mathrm{d}x$ の**主値**といい，p.v.$\int_{-\infty}^{+\infty} f(x)\mathrm{d}x$ で表わすことがある．p.v.$\int_{-\infty}^{+\infty} f(x)\mathrm{d}x$ が存在しても $\int_{-\infty}^{+\infty} f(x)\mathrm{d}x$ は存在するとは限らない．もちろん，後者が存在するときは，前者も存在し，両者の値は一致する． □

積分範囲が有界区間 (a, b) であっても，被積分関数 f が $x = a$ あるいは $x = b$ で特異点を持つ (内側から連続ではない) ときは，$\int_a^b f(x)\mathrm{d}x$ は広義積分として扱われる．

例 2.3.5 $\dfrac{1}{\sqrt{x}} = x^{-\frac{1}{2}}$ は $x \to +0$ のとき無限大となるから，$\int_0^1 \dfrac{\mathrm{d}x}{\sqrt{x}}$ は左端に特異点を持つ関数の広義積分として扱わねばならない．すなわち

$$\int_0^1 \frac{\mathrm{d}x}{\sqrt{x}} = \lim_{\varepsilon \to +0} \int_\varepsilon^1 \frac{\mathrm{d}x}{\sqrt{x}} = \lim_{\varepsilon \to +0} [2\sqrt{x}]_\varepsilon^1$$
$$= \lim_{\varepsilon \to +0} (2 - 2\sqrt{\varepsilon}) = 2$$

□

一般に，f が $(a, b]$ で連続であり，$x = a$ で特異点を持っているときの広義積分は

$$\int_a^b f(x)\mathrm{d}x = \lim_{\varepsilon \to +0} \int_{a+\varepsilon}^b f(x)\mathrm{d}x = \lim_{\alpha \to a+0} \int_\alpha^b f(x)\mathrm{d}x \tag{2.3.7}$$

によって定義される．このことを $\int_a^b f(x)\mathrm{d}x = \int_{a+0}^b f(x)\mathrm{d}x$ と表現することが

ある．逆に，f が $[a,b)$ で連続であり $x = b$ では特異点を持っているときには，

$$\int_a^b f(x)\mathrm{d}x = \lim_{\varepsilon \to +0} \int_a^{b-\varepsilon} f(x)\mathrm{d}x = \lim_{\beta \to b-0} \int_a^\beta f(x)\mathrm{d}x \qquad (2.3.8)$$

によって定義される．これも $\int_a^b f(x)\mathrm{d}x = \int_a^{b-0} f(x)\mathrm{d}x$ と書かれることがある．

f が開区間 (a,b) でのみ連続で $x = a$, $x = b$ がともに f の特異点であるときには

$$\int_a^b f(x)\mathrm{d}x = \lim_{\substack{\alpha \to a+0 \\ \beta \to b-0}} \int_\alpha^\beta f(x)\mathrm{d}x \qquad (2.3.9)$$

が定義式となる．したがって，$a < c < b$ である任意の数 c を選べば

$$\int_a^b f(x)\mathrm{d}x = \int_{a+0}^c f(x)\mathrm{d}x + \int_c^{b-0} f(x)\mathrm{d}x$$

である．

例 2.3.6 $\alpha \neq 1$, $\alpha > 0$ のとき，$\int_0^b \dfrac{\mathrm{d}x}{x^\alpha}$ は $x = 0$ に特異点がある関数の広義積分である．ただし，b は正数．ε を正数とするとき，

$$\int_\varepsilon^b \frac{\mathrm{d}x}{x^\alpha} = \left[\frac{x^{-\alpha+1}}{-\alpha+1}\right]_\varepsilon^b = \frac{b^{1-\alpha}}{1-\alpha} - \frac{\varepsilon^{1-\alpha}}{1-\alpha}$$

であるから，$0 < \alpha < 1$ ならば，$\int_0^b \dfrac{\mathrm{d}x}{x^\alpha}$ は存在し，

$$\int_0^b \frac{\mathrm{d}x}{x^\alpha} = \frac{b^{1-\alpha}}{1-\alpha} \qquad (b > 0)$$

である．一方，$1 < \alpha$ ならば

$$\int_0^b \frac{\mathrm{d}x}{x^\alpha} = +\infty$$

となる． □

例 2.3.7 $\int_0^1 \dfrac{\mathrm{d}x}{x}$ は $x = 0$ に特異点を持つ関数 $\dfrac{1}{x}$ の広義積分であり

$$\int_0^1 \frac{\mathrm{d}x}{x} = \int_{+0}^1 \frac{1}{x}\mathrm{d}x = [\log x]_{+0}^1 = 1 - (-\infty) = +\infty$$

である．次に $J = \int_{-1}^1 \dfrac{\mathrm{d}x}{x}$ を考えると，被積分関数は積分区間の内部に特異点 $x = 0$ を持っている．このように，積分区間 $[a,b]$ の内点 c が被積分関数 $f(x)$ の特異点である広義積分の値は

$$\int_a^b f(x)\mathrm{d}x = \int_a^c f(x)\mathrm{d}x + \int_c^b f(x)\mathrm{d}x$$
$$= \int_a^{c-0} f(x)\mathrm{d}x + \int_{c+0}^b f(x)\mathrm{d}x \qquad (2.3.10)$$

によって定義される．すなわち，2つの広義積分

$$\int_a^c f(x)\mathrm{d}x = \int_a^{c-0} f(x)\mathrm{d}x, \qquad \int_c^b f(x)\mathrm{d}x = \int_{c+0}^b f(x)\mathrm{d}x$$

がともに存在するときに限って $\int_a^b f(x)\mathrm{d}x$ は存在するのである．したがって，上の J は奇関数 $\dfrac{1}{x}$ の原点に関して対称な区間での積分ではあるが，広義積分としては 0 になるのではなく，値がないのである．一方，$\int_{-1}^1 \dfrac{\mathrm{d}x}{\sqrt[3]{x}}$ については，$\int_{-1}^0 \dfrac{\mathrm{d}x}{\sqrt[3]{x}}, \int_0^1 \dfrac{\mathrm{d}x}{\sqrt[3]{x}}$ がともに存在し，符号だけが異なっているので，

$$\int_{-1}^1 \frac{\mathrm{d}x}{\sqrt[3]{x}} = 0 \qquad (2.3.11)$$

は正しい等式である． □

§2.4 広義積分 (つづき)

前節で，広義積分のイメージは把握できたと思う．ここでは，理論および具体性の両面から，やや踏み込んだ考察を行う．まず，広義積分の存在 (収束) の考察から始める．

(a) 広義積分の存在条件

広義積分のさまざまなタイプのうち，最も基本的である $[a, +\infty)$ 区間における広義積分

$$I = I(f, a) = \int_a^\infty f(x)\mathrm{d}x \qquad (2.4.1)$$

を扱うことにする．このタイプについての理解が得られれば，他のタイプについても十分に類推し納得することが可能であろう．特に断らなければ，f は $[a, +\infty)$ で連続であると仮定する．

I の存在に関する条件は，

$$J(X) = \int_a^X f(x)\mathrm{d}x \qquad (X \geqq a) \tag{2.4.2}$$

とおいたときの極限値 $\lim_{X \to +\infty} J(X)$ の存在条件にほかならない．この極限の存在に関する判定でも重要な役割を果たすのが Cauchy の判定条件である．これについては，すでに数列に関するバージョン，級数に関するバージョンを学んだ．思い出しておこう．

(数列に関する Cauchy の判定条件)

数列 $\{a_n\}$ が収束するための必要十分条件は $a_n - a_m \to 0 \ (n, m \to \infty)$ が成り立つことである． □

(級数に関する Cauchy の判定条件)

級数 $\sum_{n=1}^\infty a_n$ が収束する (和を持つ) ための必要十分条件は

$$\sum_{n=N}^M a_n \longrightarrow 0 \qquad (N, M \to +\infty) \tag{2.4.3}$$

が成り立つことである． □

これらと同様に ((2.4.3) と類似している)，次の定理が成り立つ．

定理 2.4.1 $\int_a^\infty f(x)\mathrm{d}x$ が存在するための必要十分条件は，次の **Cauchy の判定条件**

$$\int_X^Y f(x)\mathrm{d}x \longrightarrow 0 \qquad (X, Y \to +\infty) \tag{2.4.4}$$

が成り立つことである． □

これより系として，いくつかの重要な定理が得られる．

定理 2.4.2 (優関数による判定) $\int_a^\infty f(x)\mathrm{d}x$ に関連して，次の性質 (i), (ii) を持つ関数 $g(x)$ ($[a, +\infty)$ で連続としておく) が見出されたとする．

(i) $|f(x)| \leqq g(x) \qquad (x \in [a, \infty))$

(ii) $\int_a^\infty g(x)\mathrm{d}x$ は存在する．

このとき，$\int_a^\infty f(x)\mathrm{d}x$ が存在する．

[証明] X, Y を $a \leqq X \leqq Y$ を満たす任意の数とする．

$$\left|\int_X^Y f(x)\mathrm{d}x\right| \leqq \int_X^Y |f(x)|\mathrm{d}x \leqq \int_X^Y g(x)\mathrm{d}x \qquad (2.4.5)$$

は，定積分の性質および仮定 (i) から明らかである．次に，仮定の (ii) と定理 2.4.1 から

$$\int_X^Y g(x)\mathrm{d}x \longrightarrow 0 \qquad (X, Y \to +\infty)$$

である．これと (2.4.5) を結びつけると

$$\left|\int_X^Y f(x)\mathrm{d}x\right| \longrightarrow 0 \qquad (X, Y \to +\infty)$$

が得られる．すなわち，I に関して Cauchy の判定条件が成り立つことが示された．よって広義積分 I が存在している． ∎

注意 2.4.1 Cauchy の判定条件 (2.4.4) において $X \leqq Y$ のように X, Y の大小関係を仮定しても差支えない．上の証明でも，その仮定を採用している．（理屈が好きな読者は X, Y の大小関係を仮定しても差支えないことを論証してみられるとよいが，それよりも）上の定理の証明が教訓的であるのは，「広義積分の存在 ⇔ Cauchy の条件」という基本定理を，g については ⇒ の向きで，f については ⇐ の向きで適用していることである．

定義 2.4.1 $\int_a^\infty |f(x)|\mathrm{d}x$ が存在するとき，$f(x)$ は $[a, \infty)$ で可積分である．あるいは，$L^1(a, \infty)$ に属するという． □

注意 2.4.2 可積分という用語は，本格的には Lebesgue 積分の用語である．広義積分についてだけなら，「絶対可積分である」と表現した方が自然な，$\int_a^\infty |f(x)|\mathrm{d}x$ の存在を単に可積分というのは，そのせいである．

定理 2.4.3 $\int_a^\infty |f(x)|\mathrm{d}x$ が存在すれば，$\int_a^\infty f(x)\mathrm{d}x$ も存在する．すなわち，可積分関数の広義積分は存在する．

［証明］ $g(x) = |f(x)|$ として前定理を適用すればよい． ∎

具体的な応用に近い判定法を記しておこう．

定理 2.4.4 正数 k に対して

$$f(x) = O(\mathrm{e}^{-kx}) \qquad (x \to +\infty) \qquad (2.4.6)$$

ならば，$\int_a^\infty |f(x)|\mathrm{d}x$ が，したがって，$\int_a^\infty f(x)\mathrm{d}x$ が存在する．

[証明] 仮定 (2.4.6) により
$$|f(x)| \leq Me^{-kx} \qquad (a \leq x < +\infty) \tag{2.4.7}$$
が成り立つような正数 M が存在する．$g(x) = Me^{-kx}$ ととって定理 2.4.2 を適用すればよい． ∎

例 2.4.1 n を自然数あるいは 0 として
$$I(n) = \int_0^\infty t^n e^{-t} dt \tag{2.4.8}$$
とおく (積分変数を t としたのは後出のガンマ関数との関連である). さて $e^{-\frac{t}{2}}$ は $t \to +\infty$ のとき指数関数的に 0 に近づく．したがって
$$|t^n e^{-\frac{t}{2}}| \leq M = M(n) \qquad (0 \leq t < +\infty)$$
が成り立つような正数 M (n には依存する) が存在する．したがって，
$$t^n e^{-t} = (t^n e^{-\frac{t}{2}}) e^{-\frac{t}{2}} = O(e^{-\frac{t}{2}})$$
であるので定理 2.4.4 が適用できて，$I(n)$ の存在が保証される．ついでに $I(n)$ の値を求めておこう．そのために，$I(n)$ の被積分関数の因数である t^n を微分し，e^{-t} を積分する形で部分積分法を実行する．ただし $n > 1$ と仮定する．そうすると
$$\begin{aligned} I(n) &= [t^n(-e^{-t})]_0^{+\infty} + n\int_0^\infty t^{n-1} e^{-t} dt \\ &= 0 - 0 + nI(n-1) = nI(n-1) \end{aligned} \tag{2.4.9}$$
この漸化式をくり返し用いれば
$$I(n) = n(n-1)I(n-2) = \cdots = n!I(0)$$
が得られる．ところが
$$I(0) = \int_0^\infty e^{-t} dt = 1$$
であるから，$I(n) = n!$ が示された (後出のガンマ関数 $\Gamma(\alpha)$ の記号を用いれば，実は $\Gamma(n+1) = I(n)$ なのである．ここでは，$\Gamma(n+1) = n!$ を先取りして学んだことになる). □

定理 2.4.5 $\alpha > 1$ の満たす正数 α に対して

$$f(x) = O\left(\frac{1}{x^\alpha}\right) \qquad (x \to +\infty) \tag{2.4.10}$$

ならば $\int_a^\infty |f(x)|dx$ が，したがって，$\int_a^\infty f(x)dx$ が存在する．

［証明］ 仮定 (2.4.9) により

$$|f(x)| \leq \frac{M}{x^\alpha} \qquad (a \leq x < +\infty) \tag{2.4.11}$$

が成り立つような正数 M が存在する．よって，$g(x) = \dfrac{M}{x^\alpha}$ として定理 2.4.2 を適用すればよい． ∎

例 2.4.2 k を正数として

$$I(k) = \int_1^\infty \frac{\log x}{x^k} dx$$

を考察する．まず，$k > 1$ ならば，$1 < \alpha < k$ であるような α を固定すると

$$\left|\frac{\log x}{x^k}\right| = \frac{\log x}{x^k} \leq \frac{M_\alpha}{x^\alpha} \qquad (1 \leq x < +\infty) \tag{2.4.12}$$

が成り立つような正数 M_α が存在する．これは $k - \alpha > 0$ により

$$\frac{\log x}{x^{k-\alpha}} \longrightarrow 0 \qquad (x \to +\infty)$$

が成り立つことからわかる．よって定理 2.4.5 により $I(k)$ は存在する．逆に $0 < k \leq 1$ のときは，

$$\frac{\log x}{x^k} \geq \frac{\log \mathrm{e}}{x^k} = \frac{1}{x^k} \qquad (\mathrm{e} \leq x < +\infty)$$

であるから

$$\int_1^\infty \frac{\log x}{x^k} dx = \int_1^\mathrm{e} \frac{\log x}{x^k} dx + \int_\mathrm{e}^\infty \frac{dx}{x^k}$$

$$= \int_1^\mathrm{e} \frac{\log x}{x^k} dx + \infty = +\infty \tag{2.4.13}$$

により，$I(k)$ は $+\infty$ に発散する． ∎

上の例の後半でも利用した事実であるが，$\int_a^\infty f(x)dx$ の存在の判定は，a より大きな任意の数 b を選んで $\int_b^\infty f(x)dx$ の存在条件に帰着することができる．

§2.4 広義積分 (つづき)

いままでの例などからも明らかなように,「比較判定」の基準には正値な関数の広義積分が重要な役割りを果たす．この点に関し基本的な次の定理がある．

定理 2.4.6 $f(x) \geqq 0$ であるとき，$\int_a^\infty f(x)\mathrm{d}x$ が存在するための必要十分条件は $J(X) = \int_a^X f(x)\mathrm{d}x \ (X \geqq a)$ が有界なことである．そうして

$$\sup_X J(X) < +\infty \text{ ならば } \int_a^\infty f(x)\mathrm{d}x = \sup_X J(X)$$

$$\sup_X J(X) = +\infty \text{ ならば } \int_a^\infty f(x)\mathrm{d}x = +\infty$$

［証明］ $J(X)$ は X の単調増加関数である．したがって，$X \to +\infty$ のとき，$J(X)$ が有界ならば $J(X)$ はその上限に収束し，有界でなければ $+\infty$ に発散する．∎

注意 2.4.3 $f(x)$ が正値のときには，$\int_a^\infty f(x)\mathrm{d}x < +\infty$ と書いて $\int_a^\infty f(x)\mathrm{d}x$ が存在することを表わすことがある．したがって，$\int_a^\infty |f(x)|\mathrm{d}x < +\infty$ と書けば，これは，f が $[a,\infty)$ で可積分であることを示している．

例 2.4.3 $\int_\pi^{+\infty} \frac{|\sin x|}{x^2}\mathrm{d}x < +\infty$ であるが $\int_\pi^{+\infty} \frac{|\sin x|}{x}\mathrm{d}x = +\infty$ である．実際，$|\sin x| \leqq 1$ を用いれば，$X \geqq \pi$ として

$$\int_\pi^X \frac{|\sin x|}{x^2}\mathrm{d}x \leqq \int_\pi^X \frac{1}{x^2}\mathrm{d}x < \int_\pi^{+\infty} \frac{\mathrm{d}x}{x^2} < +\infty$$

一方，n を自然数とするとき，

$$\int_\pi^{+\infty} \frac{|\sin x|}{x}\mathrm{d}x$$
$$= \int_\pi^{2\pi} \frac{|\sin x|}{x}\mathrm{d}x + \int_{2\pi}^{3\pi} \frac{|\sin x|}{x}\mathrm{d}x + \cdots + \int_{(n-1)\pi}^{n\pi} \frac{|\sin x|}{x}\mathrm{d}x$$
$$\geqq \frac{1}{2\pi}\int_\pi^{2\pi} |\sin x|\mathrm{d}x + \frac{1}{3\pi}\int_{2\pi}^{3\pi} |\sin x|\mathrm{d}x + \cdots + \frac{1}{n\pi}\int_{(n-1)\pi}^{n\pi} |\sin x|\mathrm{d}x$$

ところが，k を自然数とするとき，$|\sin x|$ の周期は π だから

$$\int_{k\pi}^{(k+1)\pi} |\sin x|\mathrm{d}x = \int_0^\pi |\sin x|\mathrm{d}x = \int_0^\pi \sin x\mathrm{d}x = 2$$

よって，
$$\int_\pi^{n\pi} \frac{|\sin x|}{x} dx \geq \frac{2}{\pi}\left(\frac{1}{2} + \frac{1}{3} + \cdots + \frac{1}{n}\right) \stackrel{(n\to\infty)}{\longrightarrow} +\infty$$

これより $\int_\pi^{+\infty} \frac{|\sin x|}{x} dx = +\infty$ であることがわかる． □

(b) いくつかの代表的な広義積分

応用上重要ないくつかの広義積分に触れておこう．これらの大部分の明確な理解には複素関数論の知識が必要である．それに関しては読者の後日の学習を期待することとし，ここでは，将来の学習の動機付けに役立つ「出合い」のための紹介を行うこととする．

Gauss 積分

正規分布の理論などで欠くことのできない広義積分

$$I = \int_{-\infty}^\infty e^{-x^2} dx = \sqrt{\pi} \tag{2.4.14}$$

は Gauss 積分と呼ばれる．この値が実際に $\sqrt{\pi}$ であることの証明は工夫がいるので第 II 巻末の付録 A.3 に記そう．ここでは，積分の存在だけを確かめる．$f(x) = e^{-x^2}$ は正値の偶関数であるから，I の存在を示すには

$$\int_0^\infty e^{-x^2} dx < +\infty \tag{2.4.15}$$

で示しさえすればよい．

$$\int_0^\infty e^{-x^2} dx = \int_0^1 e^{-x^2} dx + \int_1^\infty e^{-x^2} dx$$

は当然であるが，$x \geq 1$ では $e^{-x^2} \leq e^{-x}$ であるので

$$\int_1^\infty e^{-x^2} dx \leq \int_1^\infty e^{-x} dx = [-e^{-x}]_1^\infty = \frac{1}{e} < +\infty$$

により (2.4.15) が得られた．なお，(2.4.14) より当然なこととして

$$\int_0^\infty e^{-x^2} dx = \frac{\sqrt{\pi}}{2} \tag{2.4.16}$$

が成り立つ．

ガンマ関数

正数αを変数として, ガンマ関数$\Gamma(\alpha)$は

$$\Gamma(\alpha) = \int_0^\infty t^{\alpha-1}\mathrm{e}^{-t}\mathrm{d}t \qquad (2.4.17)$$

により定義される. この積分は積分区間が半無限区間にわたっているだけでなく, $0 < \alpha < 1$ならば$t = 0$に被積分関数の特異点がある. そのようなときには$\Gamma(\alpha)$の存在は

$$\Gamma(\alpha) = \int_0^1 t^{\alpha-1}\mathrm{e}^{-t}\mathrm{d}t + \int_1^\infty t^{\alpha-1}\mathrm{e}^{-t}\mathrm{d}t \equiv I_1 + I_2$$

と分けて調べねばならない. I_2の存在は例 2.4.1 の場合と同様にしてわかる. また, I_1の存在については

$$t^{\alpha-1}\frac{1}{\mathrm{e}} \leqq t^{\alpha-1}\mathrm{e}^{-t} \leqq t^{\alpha-1} \qquad (0 < t \leqq 1)$$

であるから, $\int_0^1 t^{\alpha-1}\mathrm{d}t$の存在と運命を共にする. この後者が, 仮定$\alpha > 0$, すなわち, $\alpha - 1 > -1$により存在するのである.

例 2.4.1 で扱った$I(n)$は$\Gamma(n+1)$にほかならない. したがって

$$\Gamma(n+1) = n! \qquad (2.4.18)$$

である. また, 例 2.4.1 のときと同じく部分積分による変形を行えば,

$$\Gamma(\alpha+1) = \alpha\Gamma(\alpha) \qquad (\alpha > 0) \qquad (2.4.19)$$

という式(漸化式)が得られる. もちろん, これをくり返して用いることにより

$$\Gamma(\alpha+n) = (\alpha+n-1)(\alpha+n-2)\cdots(\alpha+1)\alpha\Gamma(\alpha) \qquad (2.4.20)$$

が成り立つ.

αが自然数のときのΓの値は(2.4.18)により得られるが, αが自然数$+1/2$の形のときの値は(2.4.20)と

$$\Gamma\left(\frac{1}{2}\right) = \sqrt{\pi} \qquad (2.4.21)$$

により計算できる. たとえば

$$\Gamma\left(\frac{7}{2}\right) = \frac{5}{2}\cdot\frac{3}{2}\cdot\frac{1}{2}\Gamma\left(\frac{1}{2}\right) = \frac{15}{8}\sqrt{\pi}$$

である. 一方, (2.4.21)は Gauss 積分の値(2.4.15)を承認すれば次のように導

くことができる．すなわち $\Gamma\left(\dfrac{1}{2}\right) = \displaystyle\int_0^\infty t^{-\frac{1}{2}} \mathrm{e}^{-t} \mathrm{d}t$ で $t = s^2$ とおくことにより，$\Gamma\left(\dfrac{1}{2}\right) = \displaystyle\int_0^\infty s^{-1} \mathrm{e}^{-s^2} \cdot 2s \mathrm{d}s = 2\int_0^\infty \mathrm{e}^{-s^2} \mathrm{d}s = \sqrt{\pi}$ が得られる．$\Gamma(\alpha)$ の性質を本格的に導くには，α を複素数の範囲に拡張し関数論を活用するのであり，さまざまな公式が導かれる．

ベータ関数

p, q を正数とするとき，Euler のベータ関数と呼ばれる $B(p,q)$ は

$$B(p,q) = \int_0^1 t^{p-1}(1-t)^{q-1} \mathrm{d}t \tag{2.4.22}$$

で定義される．ちなみに，B は β の大文字である．p, q が 1 より小さいとき，上式 (2.4.22) の積分は，その被積分関数が $t \to +0, t \to 1-0$ のとき $+\infty$ になるから，広義積分である．その広義積分が存在する (可積分である) ことは条件 $p > 0, q > 0$ により保証されている．$B(p,q)$ は実際的な計算にしばしば登場する．たとえば，n を自然数として

$$I_n = \int_0^{\frac{\pi}{2}} \sin^n x \, \mathrm{d}x \tag{2.4.23}$$

を考える．変換 $t = \sin^2 x$ を行えば，$\mathrm{d}t = 2\sin x \cos x \mathrm{d}x = 2t^{\frac{1}{2}}(1-t)^{\frac{1}{2}} \mathrm{d}x$ であるから

$$\begin{aligned} I_n &= \int_0^1 t^{\frac{n}{2}} \cdot \frac{1}{2} t^{-\frac{1}{2}}(1-t)^{-\frac{1}{2}} \mathrm{d}t \\ &= \frac{1}{2} \int_0^1 t^{\frac{n}{2}-\frac{1}{2}}(1-t)^{-\frac{1}{2}} \mathrm{d}t \\ &= \frac{1}{2} B\left(\frac{n}{2}+\frac{1}{2}, \frac{1}{2}\right) \end{aligned} \tag{2.4.24}$$

となる．また，α, β を正数として，広義積分

$$J(\alpha, \beta) = \int_0^\infty \frac{x^{\alpha-1} \mathrm{d}x}{(1+x)^{\alpha+\beta}}$$

を考えるとき，変数変換 $t = x/(1+x)$ を行えば，

$$1-t = \frac{1}{1+x}, \qquad -\mathrm{d}t = -\frac{\mathrm{d}x}{(1+x)^2} = -(1-t)^2 \mathrm{d}x$$

§2.4 広義積分 (つづき)

に注意して

$$J(\alpha,\beta) = \int_0^1 t^{\alpha-1}(1-t)^{\beta+1}(1-t)^{-2}\mathrm{d}t = \int_0^1 t^{\alpha-1}(1-t)^{\beta-1}\mathrm{d}t$$
$$= B(\alpha,\beta) \tag{2.4.25}$$

がわかる．

実は，ベータ関数とガンマ関数の間には深い関係がある．すなわち，

$$B(p,q) = \frac{\Gamma(p)\Gamma(q)}{\Gamma(p+q)} \tag{2.4.26}$$

という公式が成り立つのである．証明には2変数関数の積分を用いるので，第II巻末の付録にまわし，ここでは行わない．公式を印象づけ，御利益 (ごりやく) を納得してもらうための説明だけを記しておこう．

(2.4.26) より，明らかに

$$B(p,q) = B(q,p) \tag{2.4.27}$$

である．もちろん，これは (2.4.22) で変数変換 $s = 1-t$ を行っても容易に確かめられる．また，Γ の漸化式を用いれば (部分積分で (2.4.22) からも直接導けるが)

$$B(p+1,q) = \frac{\Gamma(p+1)\Gamma(q)}{\Gamma(p+1+q)} = \frac{p\Gamma(p)\Gamma(q)}{(p+q)\Gamma(p+q)}$$
$$= \frac{p}{p+q}B(p,q) \tag{2.4.28}$$

といった B 関数の漸化式が導かれる．もっと内容的な応用として，(2.4.23) の I_n を計算しよう．(2.4.24) と (2.4.26) を結びつけると

$$I_n = \int_0^{\frac{\pi}{2}} \sin^n x\,\mathrm{d}x = \frac{1}{2}\frac{\Gamma\left(\frac{n}{2}+\frac{1}{2}\right)\Gamma\left(\frac{1}{2}\right)}{\Gamma\left(\frac{n}{2}+1\right)} \tag{2.4.29}$$

が得られる．ここで，$n = 2m$ (偶数) の場合を考えると，Γ 関数の漸化式と $\Gamma\left(\frac{1}{2}\right) = \sqrt{\pi}$ を用いて，

$$I_n = \frac{1}{2}\frac{\Gamma\left(m+\frac{1}{2}\right)\sqrt{\pi}}{\Gamma(m+1)}$$

$$= \frac{1}{2}\frac{\sqrt{\pi}}{m!}\left(m-\frac{1}{2}\right)\left(m-\frac{3}{2}\right)\cdots\frac{1}{2}\Gamma\left(\frac{1}{2}\right)$$

$$= \frac{1}{2}\frac{\pi}{m!}\left(m-\frac{1}{2}\right)\left(m-\frac{3}{2}\right)\cdots\frac{1}{2}$$

が得られる．この結果は次のようにも書ける．

$$I_n = \frac{(n-1)(n-3)\cdots 3\cdot 1}{n(n-2)\cdots 4\cdot 2}\frac{\pi}{2} \qquad (n \text{ は偶数}) \tag{2.4.30}$$

同様に，n が奇数 $2m-1$ のときは

$$I_n = \frac{1}{2}\frac{(m-1)!}{\left(m-\dfrac{1}{2}\right)\left(m-\dfrac{3}{2}\right)\cdots\dfrac{3}{2}\cdot\dfrac{1}{2}}$$

$$= \frac{(n-1)(n-3)\cdots 4\cdot 2}{n(n-2)(n-4)\cdots 3\cdot 1} \qquad (n \text{ は奇数}) \tag{2.4.31}$$

が得られる．

Dirichlet 核の積分

Fourier 級数や Fourier 積分の理論では，**Dirichlet 核**と呼ばれる

$$D_\lambda(x-y) = \frac{1}{\pi}\frac{\sin\lambda(x-y)}{(x-y)} \qquad (\lambda > 0)$$

を含む積分

$$\int_{-\infty}^{\infty} D_\lambda(x-y)f(y)\mathrm{d}y = \frac{1}{\pi}\int_{-\infty}^{\infty}\frac{\sin\lambda(x-y)}{x-y}f(y)\mathrm{d}y$$

が登場する．f は与えられた関数である．その際，基本となるのは，

$$\int_{-\infty}^{+\infty}\frac{\sin t}{t}\mathrm{d}t = \pi \tag{2.4.32}$$

という等式である．この左辺の広義積分を調べるために

$$J(X) = \int_0^X \frac{\sin t}{t}\mathrm{d}t \tag{2.4.33}$$

とおこう．当然

$$J(+\infty) = \int_0^{+\infty}\frac{\sin t}{t}\mathrm{d}t = \frac{\pi}{2}$$

§2.5 広義積分 (つづき)

であるが，これ自体を証明することは複素関数論の演習問題である．ここでは，

$$J(+\infty) = \int_0^{+\infty} \frac{\sin t}{t} dt \tag{2.4.34}$$

について，「これは広義積分としては存在するが，$\sin t/t$ は $(0, +\infty)$ で可積分でない」という主張を示そう．なお，$t \to +0$ のとき $\sin t/t \to 1$ であるから，(2.4.34) の積分において $t=0$ は問題視する必要がない．さて，主張の前半であるが，それには，$X \to +\infty, Y \to +\infty$ のとき

$$J(Y) - J(X) = \int_X^Y \frac{\sin t}{t} dt \longrightarrow 0 \tag{2.4.35}$$

を示せばよい．ところが，部分積分により

$$\begin{aligned}\int_X^Y \frac{\sin t}{t} dt &= \left[\frac{-\cos t}{t}\right]_X^Y - \int_X^Y \frac{\cos t}{t^2} dt \\ &= \frac{\cos X}{X} - \frac{\cos Y}{Y} - \int_X^Y \frac{\cos t}{t^2} dt \end{aligned} \tag{2.4.36}$$

と書きかえられるが，

$$\frac{\cos X}{X} - \frac{\cos Y}{Y} \longrightarrow 0 \quad (X, Y \to +\infty)$$

は明らかである．一方，$X<Y$ とするとき

$$\left|\int_X^Y \frac{\cos t}{t^2} dt\right| \leq \int_X^Y \frac{|\cos t|}{t^2} dt \leq \int_X^Y \frac{dt}{t^2} = \frac{1}{X} - \frac{1}{Y}$$

であるから，(2.4.36) の最後の項も $X, Y \to +\infty$ のとき 0 に収束する．よって，Cauchy の判定条件により，主張の前半が示された．

主張の後半については，n を自然数として，

$$\lim_{n \to \infty} \int_\pi^{n\pi} \frac{|\sin t|}{t} dt = +\infty \tag{2.4.37}$$

を示せば十分であるが，これはすでに例 2.4.3 においてなされている．よって，主張が証明された．

§2.5 定積分の定義の見なおし

有界な閉区間 $K = [a, b]$ (ただし，$a < b$) で定義された連続な関数 $f(x)$ の定積分

$$I = \int_a^b f(x)\mathrm{d}x \tag{2.5.1}$$

にもどり，この定積分に対する**近似和**，あるいは，**Riemann 和**の考察に入ろう．その準備として，まず，区間 K を分点

$$x_0 = a < x_1 < x_2 < \cdots < x_k < \cdots < x_n = b$$

によって n 個の小区間に分割する．この分割を

$$\Delta = \Delta(x_1 < x_2 < \cdots < x_n) \tag{2.5.2}$$

と表わすことにする．そうして，分割に登場する小区間のうちで最も大きいものの長さを $|\Delta|$ で表わし，分割の大きさと呼ぶ．すなわち

$$|\Delta| = \max_{0 \leq k \leq n-1}(x_{k+1} - x_k) \tag{2.5.3}$$

である．おって，分割を限りなく細かくするのであるが，それは $|\Delta| \to 0$ となるようにすることである．

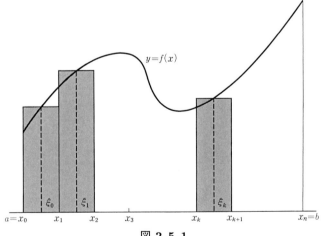

図 **2.5.1**

§2.5 定積分の定義の見なおし

次に,各小区間 $[x_k, x_{k+1}]$ に属する代表点 ξ_k $(k = 0, 1, \cdots, n-1)$ を選び,

$$R = \sum_{k=0}^{n-1} f(\xi_k)(x_{k+1} - x_k) \tag{2.5.4}$$

を構成する.この R を,分割を Δ とし,代表点を $\{\xi_k\}$ としたときの定積分 I に対する**近似和 (Riemann 和)**,あるいは,簡単に I の近似和 (Riemann 和) という.

本来,$R = R(\Delta, \{\xi_k\})$ なのであるが,ここでは,分割に対する依存性を強調する趣旨で必要に応じて R_Δ と書くことにする.すなわち

$$R_\Delta = \sum_{k=0}^{n-1} f(\xi_k)(x_{k+1} - x_k) \tag{2.5.5}$$

である.$x_{k+1} - x_k$ は x の増分とみなすことができるので,$(\Delta x)_k$ あるいは Δx と書くことがある.また,$y = f(x)$ としたとき,$y_k = f(\xi_k)$ と書くことにすれば

$$R_\Delta = \sum_{k=1}^{n-1} y_k (\Delta x)_k = \sum_{k=1}^{n-1} y_k \Delta x$$

となり,$y = f(x)$ と了解したときの記法

$$I = \int_a^b y \mathrm{d}x$$

との類似性が見えてくる.

さて,たとえば,f の連続性の仮定のもとに,R_Δ は $|\Delta| \to 0$ のとき (代表点 $\{\xi_k\}$ の選び方によらず) 定積分 I に収束する.すなわち,$f \in C[a,b]$ ならば

$$R_\Delta \longrightarrow \int_a^b f(x) \mathrm{d}x \qquad (|\Delta| \to 0) \tag{2.5.6}$$

である.

連続関数の不定積分の存在を仮定するところから出発する高校流の積分法では (2.5.6) は証明するべき定理 (区分求積法の原理) である (その証明は高校のレベルを超えるが).実際,連続関数の一様連続性を用いれば,あとは高校以来なじんでおり本書でも成立を宣言した積分の性質により,(2.5.6) を証明することができる.その証明を実際にやってみよう.

$$I = \int_a^b f(x)\mathrm{d}x = \sum_{k=0}^{n-1} \int_{x_k}^{x_{k+1}} f(x)\mathrm{d}x \text{ であるから}$$

$$I - R_\Delta = \sum_{k=0}^{n-1} \int_{x_k}^{x_{k+1}} \{f(x) - f(\xi_k)\}\mathrm{d}x \tag{2.5.7}$$

と書くことができる．ところが，連続関数の性質 (一様連続性) から，任意の正数 ε に対して次の性質をもった正数 $\delta = \delta(\varepsilon)$ を選ぶことができる．

$$t, s \in [a, b] \text{ かつ } |t - s| < \delta \Longrightarrow |f(t) - f(s)| < \varepsilon \tag{2.5.8}$$

したがって，もし $|\Delta| < \delta$ ならば，分割 Δ による同じ小区間に属する t, s に対して (2.5.8) の結論が成り立つ．よって ($t = x$, $s = \xi_k$ として上記を適用し)，

$$\left| \int_{x_k}^{x_{k+1}} \{f(x) - f(\xi_k)\}\mathrm{d}x \right| \leq \int_{x_k}^{x_{k+1}} |f(x) - f(\xi_k)|\mathrm{d}x$$

$$\leq \int_{x_k}^{x_{k+1}} \varepsilon\mathrm{d}x = \varepsilon(x_{k+1} - x_k)$$

$$(k = 0, 1, \cdots, n-1) \tag{2.5.9}$$

が得られる．これより，$|\Delta| < \delta = \delta(\varepsilon)$ ならば

$$|I - R_\Delta| \leq \sum_{k=0}^{n-1} \left| \int_{x_k}^{x_{k+1}} \{f(x) - f(\xi_k)\}\mathrm{d}x \right|$$

$$\leq \varepsilon \sum_{k=0}^{n-1} (x_{k+1} - x_k)$$

$$= \varepsilon(b - a) \tag{2.5.10}$$

が成り立つ．これは $|\Delta| \to 0$ のとき $I - R_\Delta \to 0$ となること，すなわち，(2.5.6) を意味している．

さて，本格的な積分法では筋道が逆になる．すなわち，R_Δ を出発点とし，その $|\Delta| \to 0$ のときの極限値を以って定積分 I を定義するのである．もう少し整理して述べると，次のようになる．ただし，f の範囲を連続関数から広げて，$K = [a, b]$ で有界であるとする．そうしたときも $R = R_\Delta$ の定義 (2.5.5) は変わらない．

定義 2.5.1 $|\Delta| \to 0$ のとき，(2.5.5) の近似和 R_Δ が，代表点 $\{\xi_k\}$ の選び方によらず，一定の極限値 I に収束するならば，f は区間 $[a, b]$ で (Riemann) **積分可能**であるといい，I を f の $[a, b]$ 上での**定積分**という．記号では

$$I = \int_a^b f(x)\mathrm{d}x$$

と表わす.　　　　　　　　　　　　　　　　　　　　　　　　　　　　　□

上の定義を出発点とすると，(2.5.6) で示される事実は，次の定理の形に述べられる．

定理 2.5.1 有界閉区間 $[a,b]$ において連続な関数 f は，そこで Riemann 積分可能である．すなわち

$$\int_a^b f(x)\mathrm{d}x = \lim_{|\Delta| \to 0} R_\Delta \qquad (2.5.11)$$

が存在する．　　　　　　　　　　　　　　　　　　　　　　　　　　　□

この定理の完全な証明はかなりの行数を要するので割愛するが，やはり有界閉区間で連続な関数の一様連続性 (2.5.8) が本質的に用いられる．応用での活用を急がれる読者は，「本来の定積分の定義は定義 2.5.1 である」と理解された上で，「その定義のもとで，高校以来なじんできた積分の性質・定理は，すべて完璧に証明される」と信用されるのがよい．

本式の定義のもとでも，これらの性質・定理の直接の導出が特に難しいわけではない．たとえば，被積分関数の大小と定積分に関する定理 2.2.1 を考察してみよう．そこでは，$f(x) \geqq 0 \ (a \leqq x \leqq b)$ ならば，$\int_a^b f(x)\mathrm{d}x \geqq 0$ を示すのであるが，これは，$f(x) \geqq 0$ から明らかな不等式

$$R_\Delta = \sum_{k=0}^{n-1} f(\xi_k)(x_{k+1} - x_k) \geqq 0 \qquad (2.5.12)$$

の極限移行によってただちに得られる．

さらに定理 2.2.1 の後半では $f(x) \geqq 0 \ (a \leqq x \leqq b)$ かつ $\int_a^b f(x)\mathrm{d}x = 0$ ならば，実は $f(x) \equiv 0$ を主張している．この証明は，次のような背理法を伴うやや精密な論法を必要とする．実際，$a < c < b$ を満たす，ある c において，$f(c) > 0$ であったとしよう．そうすると，f の連続性から，$f(x)$ は $x = c$ のある近傍では，$f(c)/2$ より小さくないとしてよい．詳しく言えば，十分小さな正数 γ をとれば，

$$\text{区間 } [c-\gamma, c+\gamma] \text{ において } f(x) \geqq \frac{1}{2}f(c) \qquad (2.5.13)$$

である．次いで，近似和 R_Δ を構成する分割において，$c-\gamma$ および $c+\gamma$ が Δ の分点になるような分割を採用することにする（このような Δ を採用しても，$|\Delta| \to 0$ ならしめ得ることは明らかである）．いま，$x_l = c-\gamma, x_m = c+\gamma$ とすれば，近似和のうちの区間 $[c-\gamma, c+\gamma]$ からの寄与は

$$\sum_{k=l}^{m-1} f(\xi_k)(x_{k+1}-x_k) \geqq \frac{f(c)}{2} \sum_{k=l}^{m-1}(x_{k+1}-x_k)$$
$$= \frac{f(c)}{2}\{(c+\gamma)-(c-\gamma)\} = \gamma f(c)$$

と下からおさえられる．したがって，

$$R_\Delta = \sum_{k=0}^{n-1} f(\xi_k)(x_{k+1}-x_k) \geqq \sum_{k=l}^{m-1} f(\xi_k)(x_{k+1}-x_k) \geqq \gamma f(c)$$

となり，$|\Delta| \to 0$ の極限をとれば，

$$\int_a^b f(x)\mathrm{d}x \geqq \gamma f(c) > 0 \tag{2.5.14}$$

が得られて，$\int_a^b f(x)\mathrm{d}x = 0$ と矛盾するからである．

他の諸定理の証明は余力と意欲のある読者の挑戦課題としておこう．

要点・補足 2.5.1（微積分学の基本定理の見なおし） f が区間 $[a,b]$ で連続であるとき，$a < x < b$ であるような x に対して

$$F(x) = \int_a^x f(t)\mathrm{d}t \tag{2.5.15}$$

とおく．この右辺は $[a,x]$ において $f = f(t)$ が連続であるから，定義 2.5.1 および定理 2.5.1 により存在する．上端 x の関数とみなした (2.5.15) の右辺が f の不定積分である（という見方もある）．そうして，f の連続性の仮定のもとに

$$\frac{\mathrm{d}}{\mathrm{d}x}\int_a^x f(t)\mathrm{d}t = f(x) \tag{2.5.16}$$

が証明できる．これが本来の意味での微積分学の基本定理である．(2.5.16) は $F(x) = \int_a^x f(t)\mathrm{d}t$ が f の原始関数であることを意味している．すなわち，f の積分可能性を通じて，f の原始関数の存在が証明されるのである． □

要点・補足 2.5.2（不連続関数の定積分） 不連続関数の定積分を本式に扱うのは Lebesgue 積分の受持ちである．しかし，不連続な関数でも Riemann 積分

可能なことがある．

例 2.5.1（区分的に連続な関数）f が $[a,b]$ で区分的に連続であるとは，$[a,b]$ を適当な有限個の分点
$$\gamma_0 = a < \gamma_1 < \gamma_2 < \cdots < \gamma_l = b$$
により小区間に分けたとき，各小区間 (γ_j, γ_{j+1}) において f が連続であり，分点 γ_j では，$f(x)$ の左右からの極限値が存在していることである．このようなときは，f は $[a,b]$ で Riemann 積分可能であり
$$\int_a^b f(x)\mathrm{d}x = \sum_{j=0}^{l-1} \int_{\gamma_j}^{\gamma_{j+1}} f(x)\mathrm{d}x \tag{2.5.17}$$
が成り立つ． □

例 2.5.2（単調な関数の定積分）実は，f が $[a,b]$ で有界単調ならば f は $[a,b]$ で可積分である．いま，f が単調増加であるとして考察しよう．分割 $\Delta = \{x_0 = a < x_1 < x_2 < \cdots < x_k < \cdots < x_n = b\}$ の場合の一般の近似和は，代表点を $\{\xi_k\}$ とするとき，
$$R_\Delta = \sum_{k=0}^{n-1} f(\xi_k)(x_{k+1} - x_k) \tag{2.5.18}$$
であるが，特別な代表点のとり方（小区間の左端あるいは右端の点を取ったもの）に対応する近似和
$$R_\Delta^- = \sum_{k=0}^{n-1} f(x_k)(x_{k+1} - x_k), \quad R_\Delta^+ = \sum_{k=0}^{n-1} f(x_{k+1})(x_{k+1} - x_k)$$
と比較しよう．まず，f が単調増加であるから
$$f(x_k) \leqq f(\xi_k) \leqq f(x_{k+1})$$
したがって
$$R_\Delta^- \leqq R_\Delta \leqq R_\Delta^+ \tag{2.5.19}$$

次に，$0 < x_{k+1} - x_k \leqq |\Delta|$ に注意すると
$$0 \leqq R_\Delta^+ - R_\Delta^- = \sum_{k=0}^{n-1} \{f(x_{k+1}) - f(x_k)\}(x_{k+1} - x_k)$$
$$\leqq \sum_{k=0}^{n-1} (f(x_{k+1}) - f(x_k))|\Delta| = (f(b) - f(a))|\Delta|$$

よって，$|\Delta| \to 0$ のとき

$$R_\Delta^+ - R_\Delta^- \longrightarrow 0 \tag{2.5.20}$$

である．

一方，Δ を細分 (分点をつけ加えること) によって細かくした分割を Δ' とすれば，

$$R_{\Delta'}^+ \leqq R_\Delta^+, \qquad R_{\Delta'}^- \geqq R_\Delta^- \tag{2.5.21}$$

となることは，容易にわかる (f が単調増加だから)．すなわち，R_Δ^+ は Δ の細分に関して単調減少である．そうして，もちろん，下に有界でもある．よって，$|\Delta| \to 0$ のとき R_Δ^+ はある極限値 I^+ に収束する．一方，R_Δ^- は，分割を細分によって細かくしていくとき，単調増加する．かつ，上に有界である．よって，$|\Delta| \to 0$ のとき R_Δ^- はある極限値 I^- に収束する．ところが，(2.5.20) により $I^+ = I^-$ でなければならない．この共通値をあらためて I で表わせば，(2.5.19) より

$$\lim_{|\Delta| \to 0} R_\Delta = I$$

となる．したがって，この I が $\displaystyle\int_a^b f(x)\mathrm{d}x$ である．

□

要点・補足 2.5.3（積分可能でない関数の例） 有名な Dirichlet 関数を区間 $[0,1]$ において考察しよう．すなわち

$$f(x) = \begin{cases} 1 & (x \text{ が無理数}) \\ 0 & (x \text{ が有理数}) \end{cases} \tag{2.5.22}$$

を考える．$0 \leqq f(x) \leqq 1$ であるから，$f(x)$ は有界である．さて，

$$R_\Delta = \sum_{k=0}^{n-1} f(\xi_k)(x_{k+1} - x_k)$$

において，代表点 ξ_k をすべて無理数に取れば (そのような代表点の取り方が可能である)，$R_\Delta \equiv 1$ である．一方，代表点 ξ_k をすべて有理数に取れば (そのような代表点の取り方が可能である)，$R_\Delta \equiv 0$ である．したがって，$|\Delta| \to 0$ にしただけでは，R_Δ が一定値に収束するようにはなっていない．すなわち，この関数は $[0,1]$ において (Riemann) 積分可能ではない．

ところが，積分を Lebesgue 積分の意味とすれば，

$$\int_0^1 f(x)\mathrm{d}x = 1 \qquad \text{(Lebesgue 積分)}$$

が成り立つ．やはり，本格的な不連続関数を積分するとなると，Lebesgue 積分の出番が必須である． □

練習問題

(積分の基礎の概念)

[2.1] 次の計算が誤りである理由をいえ．
$\dfrac{\mathrm{d}}{\mathrm{d}x}\log|x| = \dfrac{1}{x}$ により，$\displaystyle\int_{-1}^2 \dfrac{1}{x}\mathrm{d}x = [\log|x|]_{-1}^2 = \log 2 - \log 1 = \log 2$．

[2.2] $\dfrac{\mathrm{d}}{\mathrm{d}x}\displaystyle\int_x^{x+\pi}|\sin t|\mathrm{d}t$ を求めよ．ただし $-\infty < x < +\infty$．

(定積分の性質と計算法)

[2.3] 次の定積分を求めよ．

(ⅰ) $I = \displaystyle\int_0^{\frac{\pi}{4}} \tan x\, \mathrm{d}x$ (ⅱ) $J = \displaystyle\int_0^{\pi} \sin x \cos^2 x\, \mathrm{d}x$

[2.4] 同上．

(ⅰ) $I = \displaystyle\int_0^{\pi} x \cos x\, \mathrm{d}x$ (ⅱ) $J = \displaystyle\int_1^2 x \log x\, \mathrm{d}x$

(ⅲ) $K = \displaystyle\int_0^1 x\mathrm{e}^x \mathrm{d}x$

[2.5] 同上．

(ⅰ) $I = \displaystyle\int_0^1 \dfrac{\mathrm{d}x}{4-x^2}$ (ⅱ) $J = \displaystyle\int_0^{\sqrt{3}} \dfrac{\mathrm{d}x}{1+x^2}$ (ⅲ) $K = \displaystyle\int_0^{\frac{1}{2}} \dfrac{\mathrm{d}x}{\sqrt{1-x^2}}$

(ⅳ) $L = \displaystyle\int_0^{\frac{1}{2}} \sqrt{1-x^2}\, \mathrm{d}x$ (ⅴ) $M = \displaystyle\int_0^{\frac{1}{2}} \sqrt{x(1-x)}\, \mathrm{d}x$

[2.6] (ⅰ) $\tan\dfrac{x}{2} = t$ のとき，次の関係式を示せ．

$$\sin x = \frac{2t}{1+t^2}, \quad \cos x = \frac{1-t^2}{1+t^2}, \quad \frac{\mathrm{d}x}{\mathrm{d}t} = \frac{2}{1+t^2} \qquad (*)$$

(ⅱ) $(*)$ を用いて定積分 $I = \displaystyle\int_0^{\frac{\pi}{2}} \dfrac{\mathrm{d}x}{1+\sin x + \cos x}$ を計算せよ．

[2.7] 次の極限値を求めよ．

(ⅰ) $L = \lim_{x \to +\infty} \dfrac{1}{x} \int_0^x \cos^2 t\, dt$　　(ⅱ) $M = \lim_{x \to +\infty} \dfrac{1}{x} \int_0^x \dfrac{t}{1+3t}\, dt$

[2.8] 自然数 $n \geqq 2$ に対して
$$\int_1^n \log x\, dx < \log n! < \int_1^{n+1} \log x\, dx \quad (*)$$
を示せ．その結果を用いて $\lim_{n \to \infty} \dfrac{\sqrt[n]{n!}}{n}$ を計算せよ．

(広義積分・同(つづき))

[2.9] 次の広義積分を計算せよ．

(ⅰ) $I = \int_0^4 \dfrac{dx}{\sqrt{x}}$　　(ⅱ) $J = \int_{-1}^1 \dfrac{dx}{\sqrt{1-x^2}}$　　(ⅲ) $K = \int_1^\infty \dfrac{dx}{x\sqrt{x}}$

(ⅳ) $L = \int_1^\infty \dfrac{dx}{1+x^2}$

[2.10] 同上．

(ⅰ) $I = \int_0^\infty x e^{-x^2}\, dx$　　(ⅱ) $J = \int_1^\infty \dfrac{\log x}{x^2}\, dx$

[2.11] 次の定積分の値を Γ 関数を用いて表わせ．

(ⅰ) $I = \int_0^\infty x e^{-\sqrt{x}}\, dx$　　(ⅱ) $J = \int_0^\infty x^2 e^{-x^2}\, dx$

(ⅲ) $K = \int_0^\infty \dfrac{1}{\sqrt{x}} e^{-x^2}\, dx$　　(ⅳ) $L = \int_0^1 x \sqrt{\log \dfrac{1}{x}}\, dx$

[2.12] $-\infty < x < +\infty$ で定義された連続関数 u, v に対して
$$(u, v) = \int_{-\infty}^\infty u(x) v(x) e^{-x^2}\, dx$$
と書く（右辺が存在するとき）．いま，$f_0 \equiv 1$, $f_1 = x$, $f_2 = x^2 + ax + b$ とおく．$(f_2, f_0) = 0$ かつ $(f_2, f_1) = 0$ となるように定数 a, b の値を定めよ．

(定積分の定義の見なおし)

[2.13] 次の極限値を求めよ．

(ⅰ) $L = \lim_{n \to \infty} \dfrac{1}{n} \sum_{k=1}^n \sqrt{\dfrac{k}{n}}$　　(ⅱ) $M = \lim_{n \to \infty} n \sum_{k=n}^{2n-1} \dfrac{1}{k^2}$

[2.14] $[\cdot]$ をガウスの記号とする．次の値を求めよ．

(ⅰ) $I = \int_0^1 \dfrac{1}{10}[10x]\, dx$　　(ⅱ) $L = \lim_{n \to \infty} \int_0^1 \dfrac{[10^n x]}{10^n}\, dx$

[2.15] 階段関数 $f(x)$ $(0 \leqq x < +\infty)$ が，数列 $\{a_n\}_0^\infty$ を用いて次のように定義されている．

$$f(x) = a_n \quad (n \leq x < n+1) \quad (n = 0, 1, 2, \cdots)$$

このとき $\int_0^\infty f(x)\mathrm{d}x$ および $\int_0^\infty |f(x)|\mathrm{d}x$ が存在するために，級数 $\sum_{n=0}^\infty a_n$ が満たすべき条件をそれぞれ求めよ．

演習問題

2.1 次の定積分の値を求めよ．ただし，α は正の定数である．

(i) $\displaystyle\int_0^1 x^\alpha (1+x)\mathrm{d}x$ (ii) $\displaystyle\int_0^1 (1-x)^\alpha x\mathrm{d}x$ (iii) $\displaystyle\int_0^1 (1+x)^\alpha x^2 \mathrm{d}x$

2.2 n, m を自然数とするとき，次式を示せ．

(i) $\displaystyle\int_0^\pi \sin nx \sin mx \mathrm{d}x = \begin{cases} 0 & (n \neq m) \\ \dfrac{\pi}{2} & (n = m) \end{cases}$

(ii) $\displaystyle\int_0^\pi \cos nx \cos mx \mathrm{d}x = \begin{cases} 0 & (n \neq m) \\ \dfrac{\pi}{2} & (n = m) \end{cases}$

2.3 次の定積分の値を求めよ．

(i) $\displaystyle\int_0^{\frac{\pi}{2}} \sin^2 x \mathrm{d}x$ (ii) $\displaystyle\int_0^{\frac{\pi}{2}} x \sin x \mathrm{d}x$

(iii) $\displaystyle\int_0^{\frac{\pi}{2}} x \sin^2 x \mathrm{d}x$ (iv) $\displaystyle\int_0^{\sqrt{\frac{\pi}{2}}} x \sin(x^2) \mathrm{d}x$

2.4 f を $[0, \infty)$ で連続な関数，A, β を定数とするとき，関数

$$u(t) = \mathrm{e}^{At}\beta + \int_0^t \mathrm{e}^{A(t-s)} f(s) \mathrm{d}s \quad (t \geq 0)$$

は，初期条件 $u(0) = \beta$ および微分方程式 $u' = Au + f$ を満足することを示せ．

2.5 f を $[0, \infty)$ で連続な関数として

$$u(t) = \frac{1}{k} \int_0^t \sin k(t-s) f(s) \mathrm{d}s \quad (t \geq 0)$$

とおく．k は正の定数である．このとき，u は初期条件 $u(0) = 0$, $u'(0) = 0$ および微分方程式 $u'' + k^2 u = f$ を満たすことを示せ．

2.6 f を区間 $[0,1]$ で連続な関数とし,
$$u(x) = \int_0^1 G(x,y)f(y)\mathrm{d}y \qquad (0 \leqq x \leqq 1)$$
とおく. ただし, $G(x,y)$ は, 次式で与えられる.
$$G(x,y) = \begin{cases} x(1-y) & (0 \leqq x \leqq y \leqq 1) \\ y(1-x) & (0 \leqq y \leqq x \leqq 1) \end{cases}$$
このとき, $u(x)$ は, 境界条件 $u(0) = u(1) = 0$ および微分方程式 $u''(x) = -f(x)$ $(0 < x < 1)$ を満足することを示せ.

2.7 $p(x) = \left(\dfrac{\mathrm{d}}{\mathrm{d}x}\right)^3 (x^2-1)^3$ とおくとき,

(i) 任意の 2 次関数 $q(x) = ax^2 + bx + c$ に対して
$$\int_{-1}^1 p(x)q(x)\mathrm{d}x = 0$$
が成り立つことを示せ.

(ii) $\displaystyle\int_{-1}^1 p(x)^2 \mathrm{d}x$ を計算せよ.

[ヒント: $k = 0, 1, 2$ のとき, $\left(\dfrac{\mathrm{d}}{\mathrm{d}x}\right)^k (x^2-1)^3$ は $x = \pm 1$ で 0 となる多項式である.]

[**注意**] n を自然数 (または 0) とするとき,
$$P_n(x) = \frac{1}{2^n n!} \left(\frac{\mathrm{d}}{\mathrm{d}x}\right)^n (x^2-1)^n$$
を n 次の Legendre の多項式という. 上の問題と同様にして
$$\int_{-1}^1 P_n(x) P_m(x) \mathrm{d}x = \begin{cases} 0 & (m \neq n) \\ \dfrac{2}{2n+1} & (m = n) \end{cases}$$
を示すことができる.

2.8 f を区間 $[a,b]$ で C^1-級の関数とする (すなわち, f, f' が $[a,b]$ で連続). このとき
$$\lim_{n\to\infty} \int_a^b f(x)\sin nx \, \mathrm{d}x = 0, \qquad \lim_{n\to\infty} \int_a^b f(x)\cos nx \, \mathrm{d}x$$
が成り立つことを示せ. [ヒント: 部分積分を行え.]

[**注意**] 上式は f の条件をゆるめて, (a,b) で可積分であることだけを仮定しても成

り立つ (Riemann-Lebesgue の定理) ことが知られている．

2.9 f, g を区間 $[a,b]$ (ただし，$a < b$) の上で連続な関数とするとき，次の不等式 (Schwarz の不等式という) が成り立つことを示せ．また，$f(x)$ は 0 にならないとして等号が成り立つ場合を吟味せよ．
$$\left(\int_a^b f(x)g(x)dx\right)^2 \leqq \int_a^b f(x)^2 dx \int_a^b g(x)^2 dx$$
[ヒント：$(f(x)g(y) - f(y)g(x))^2 \geqq 0$ を x および y で 2 重積分してみよ．別の方法として，t を実数として
$$(tf(x) - g(x))^2 \geqq 0$$
を x で積分して得られる t の 2 次関数の判別式を調べよ．]

2.10 e を自然対数の底，α を正数とするとき，次の各項に答えよ．
(i) $\displaystyle\int_e^\infty \frac{(\log t)^\alpha}{t^2} dt$ が存在することを示せ．
(ii) $\displaystyle\int_e^\infty \frac{dt}{t(\log t)^\alpha}$ が存在するような α の範囲を求めよ．
(iii) $\displaystyle\int_e^\infty \frac{dt}{t^\alpha \log t}$ が存在するような α の範囲を求めよ．

2.11 次の広義積分が存在するのは，定数 α がどのような範囲にあるときか．
(i) $\displaystyle\int_0^\infty e^{-\alpha x}\sqrt{1+x}\,dx$ (ii) $\displaystyle\int_0^\infty e^{-\alpha x}\frac{1}{1+x^2}dx$
(iii) $\displaystyle\int_0^\infty e^{-\alpha x}\frac{\cosh x}{1+x^2}dx$

2.12 必要ならば $\displaystyle\int_{-\infty}^\infty e^{-x^2}dx = \sqrt{\pi}$ を用いて，次の定積分を計算せよ．ただし，k は正の定数である．
(i) $\displaystyle\int_0^\infty e^{-kx^2}dx$ (ii) $\displaystyle\int_0^\infty xe^{-kx^2}dx$ (iii) $\displaystyle\int_0^\infty x^2 e^{-kx^2}dx$

2.13 $0 < \alpha < 2$ ならば，$\displaystyle\int_0^\infty \frac{\sin t}{t^\alpha}dt$ が存在することを示せ．また，正数 β がどのような範囲にあるとき $\displaystyle\int_0^\infty \sin(x^\beta)dx$ が存在するかを調べよ．

2.14 次の極限値を求めよ．
(i) $\displaystyle\lim_{\alpha \to +0}\int_0^\infty e^{-\alpha x}\sin x\,dx$ (ii) $\displaystyle\lim_{\alpha \to +0}\int_0^\infty e^{-\alpha x}\cos x\,dx$

[ヒント：極限を取る前の積分を求めるのに，複素指数関数と Euler の公式を (先取りして) 用いて

$$\int_0^\infty \mathrm{e}^{-\alpha x}\cos x \mathrm{d}x + \mathrm{i}\int_0^\infty \mathrm{e}^{-\alpha x}\sin x \mathrm{d}x = \int_0^\infty \mathrm{e}^{-\alpha x}\mathrm{e}^{\mathrm{i}x}\mathrm{d}x$$
$$= \left[\frac{1}{-\alpha + \mathrm{i}}\mathrm{e}^{(-\alpha + \mathrm{i})x}\right]_0^\infty = \frac{1}{\alpha - \mathrm{i}}$$

と計算してもよい.]

[**注意**] 上の結果と, $\int_0^\infty \sin x \mathrm{d}x$, $\int_0^\infty \cos x \mathrm{d}x$ が存在しないこととを比較せよ.

2.15 a, b, p, q を正数とし, さらに $a < b$ であるとする. 次の定積分をベータ関数を用いて表わせ.

(i) $\displaystyle\int_0^a (a^2 - x^2)^p x^q \mathrm{d}x$ 　　　(ii) $\displaystyle\int_a^b (b - x)^{p-1}(x - a)^{q-1}\mathrm{d}x$

2.16 p, q を正数とするとき, 次の定積分をベータ関数を用いて表わせ.

(i) $\displaystyle\int_0^\pi \sin^p x \cos^q\left(\frac{x}{2}\right)\mathrm{d}x$ 　　　(ii) $\displaystyle\int_0^\infty \frac{x^p}{(2+x)^{p+q+1}}\mathrm{d}x$

練習問題のヒント／略解

第1章

[1.1] グラフ略．$R(f)=[0,\infty)$，$R(g)=[-4,4]$．ただし $R(\cdot)$ は関数の値域を表わす(以下同様)．

[1.2] $f(x)=x-1+\dfrac{4}{x-1}$，$g(x)=x-1-\dfrac{4}{x-1}$ に注意．グラフ略．$R(f)=(-\infty,-4]\cup[4,\infty)$，$R(g)=(-\infty,+\infty)$．

[1.3] f に対して，$a=1$，$b=-2$．g に対して，$a=2$，$b=-4$．

[1.4] $S=\left\{\dfrac{1}{n\pi}\ \middle|\ n=1,2,\cdots\right\}$ より $\inf S=0$，$\sup S=\dfrac{1}{\pi}$．

[1.5] 成立するのは(ロ)，(ニ)，(ホ)のみ．

[1.6] 成立するのは(ロ)，(ニ)，(ホ)のみ．

[1.7] グラフ略．$R(f)=(0,1]$，$R(g)=\left[-\dfrac{1}{e},\dfrac{1}{e}\right]$．

[1.8] グラフ略．$R(f)=\left[-\dfrac{1}{2e},\infty\right)$，$R(g)=(-\infty,0]$．

[1.9] f の周期は $\dfrac{\pi}{3}$，g の周期は 2π．

[1.10] $y=\sin^{-1}(\sin 2x)\Longleftrightarrow\begin{cases}\sin y=\sin 2x\\ -\dfrac{\pi}{2}\leq y\leq\dfrac{\pi}{2}\end{cases}$

x の範囲に応じて，$y=(-1)^n 2x+n\pi$ の n を $-\dfrac{\pi}{2}\leq y\leq\dfrac{\pi}{2}$ となるようにえらぶ．たとえば $-\dfrac{\pi}{4}\leq x\leq\dfrac{\pi}{4}$ では $y=2x$，$\dfrac{\pi}{4}\leq x\leq\dfrac{3\pi}{4}$ では $y=-2x+\pi$，…．グラフは図のような折線．

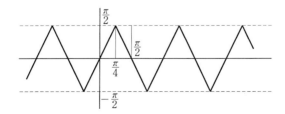

[1.11] （i） $y' = -\dfrac{1}{2}\dfrac{\cos\dfrac{x}{2}}{\left|\cos\dfrac{x}{2}\right|} = -\dfrac{1}{2}$　$(-\pi < x < \pi)$,

（ii） $y' = 2\dfrac{\sin 2x}{|\sin 2x|} = \begin{cases} 1 & \left(-\pi < x < -\dfrac{\pi}{2},\ 0 < x < \dfrac{\pi}{2}\right) \\ -1 & \left(-\dfrac{\pi}{2} < x < 0,\ \dfrac{\pi}{2} < x < \pi\right) \end{cases}$

[1.12] $a = b = 1$.

[1.13] （i）は，$f(0) = 1$ とおけば連続．（ii）と（iv）は，$f(0) = 0$ とおけば連続．(iii)は，どんな $f(0)$ の値に対しても不連続．

[1.14] $\lim\limits_{x \to a}(f+g) = +\infty$, $\lim\limits_{x \to a}(f-g) = -\infty$, $\lim\limits_{x \to a}fg = +\infty$, $\lim\limits_{x \to a}\dfrac{f(x)}{g(x)} = 0$.

[1.15] （i） 1, （ii） 1.

[1.16] （i） $e^{x\log\left(1+\frac{2}{x}\right)} = e^{\frac{1}{t}\log(1+2t)} \to e^2$ $(t \to 0)$,

（ii） $e^{\frac{1}{x}\log(1-x)} \to e^{-1}$ $(x \to +0)$,

（iii） $e^{x\log\left(1+\frac{1}{x^2}\right)} = e^{\frac{1}{t}\log(1+t^2)} \to e^0 = 1$ $(t \to 0)$.

[1.17] $\{a_n\}$ の集積点は，$-2, 0, 2$.
$\limsup\limits_{n \to \infty}\{a_n + b_n\} = 2 + \dfrac{1}{\sqrt{2}}$, $\liminf\limits_{n \to \infty}\{a_n + b_n\} = -2 - \dfrac{1}{\sqrt{2}}$.

[1.18] （i） $a_n = e^{\frac{2}{n}\log n} \to e^0 = 1$,

（ii） $b_n = e^{n\log\left(1-\frac{1}{n}\right)} = e^{\frac{1}{t}\log(1-t)} \to e^{-1}$ $(t \to 0)$,

（iii） $c_n = e^{n\log\left(1+\frac{3}{n^2}\right)} = e^{\frac{1}{t}\log(1+t^2)} \to e^0 = 1$ $(t \to 0)$.

[1.19] $3 < \sqrt[n]{2^n + 3^n} < \sqrt[n]{2 \cdot 3^n} = 3\sqrt[n]{2}$ より $\sqrt[n]{2^n + 3^n} \to 3$.

[1.20] （i） 発散 $\left(\because \dfrac{1}{\sqrt{n(n+1)}} > \dfrac{1}{n+1}\right)$, （ii） 収束,

(iii) 発散 $\left(\because \log\left(1+\dfrac{1}{n}\right) = \log(n+1) - \log n\right)$.

[1.21] $f(0) = 0$, $x \neq 0$ ならば $f(x) = \dfrac{x^2}{1 - \dfrac{1}{1+x^2}} = 1 + x^2$. グラフは放物線 $y = 1 + x^2$ の頂点だけを原点でおきかえたもの．

[1.22] $f'(x) = 2xe^{x^2}$, $f''(x) = \{(2x)^2 + 2\}e^{x^2}$. $f^{(n)}$ に関する主張の証明には数学的帰納法を用いよ．

[1.23] $f'(x) = -3\sin 3x$, $f''(x) = -9\cos 3x$. $f^{(n)}$ に関する主張の証明には数

学的帰納法を用いよ（複素指数関数 e^{i3x} を用いる簡便法もある）．

[1.24] $f(x)=(1-x)^{-\frac{1}{2}}$ として計算せよ．$f^{(n)}(x)(1-x)^{n+\frac{1}{2}}=\dfrac{1\cdot 3\cdot 5\cdots(2n-1)}{2^n}$

[1.25] $\dfrac{dy}{dx}=\dfrac{dy}{d\theta}\Big/\dfrac{d\theta}{dx}=\dfrac{1-\cos\theta}{\sin\theta}=\tan\dfrac{\theta}{2}$

$\dfrac{d^2y}{dx^2}=\dfrac{d}{d\theta}\left(\dfrac{dy}{dx}\right)\dfrac{d\theta}{dx}=\dfrac{d}{d\theta}\tan\dfrac{\theta}{2}\Big/\dfrac{dx}{d\theta}=\dfrac{1}{2}\dfrac{1}{\cos^2\dfrac{\theta}{2}}\dfrac{1}{\sin\theta}$

$=\dfrac{1}{\sin\theta(1+\cos\theta)}$

[1.26] Leibniz の公式より，$f^{(3)}(x)=\left\{\left(\dfrac{1}{2}\right)^3\cos\dfrac{\sqrt{3}}{2}x-3\left(\dfrac{1}{2}\right)^2\dfrac{\sqrt{3}}{2}\sin\dfrac{\sqrt{3}}{2}x\right.$
$\left.-3\left(\dfrac{1}{2}\right)\left(\dfrac{\sqrt{3}}{2}\right)^2\cos\dfrac{\sqrt{3}}{2}x+\left(\dfrac{\sqrt{3}}{2}\right)^3\sin\dfrac{\sqrt{3}}{2}x\right\}e^{\frac{1}{2}x}=-e^{\frac{x}{2}}\cos\dfrac{\sqrt{3}}{2}x$. すなわち，
$f^{(3)}(x)=-f(x)$. これより，$f^{(6)}(x)=-f^{(3)}(x)=f(x)=e^{\frac{x}{2}}\cos\dfrac{\sqrt{3}}{2}x$.

[1.27] （ⅰ） $x=0$ で極小，$x=\pm\dfrac{\pi}{2}$ で極大．（ⅱ） $x=-\dfrac{\pi}{2},0,\dfrac{\pi}{2}$ で極小．$x=-\dfrac{3\pi}{4},-\dfrac{\pi}{4},\dfrac{\pi}{4},\dfrac{3\pi}{4}$ で極大．（ⅲ） $h'(x)=(\cos x+1)(2\cos x-1)$ により，$x=-\dfrac{\pi}{3}$ で極小，$x=\dfrac{\pi}{3}$ で極大．

[1.28] $f'(x)=3\cos 3x+a$ の符号が変化しない条件から，$a\geqq 3$, または $a\leqq -3$.

[1.29] $f''(x)=-\sin x+2a\geqq 0$ がつねに成り立つ条件から，$a\geqq\dfrac{1}{2}$.

[1.30] （ⅰ） 真．（ⅱ） 偽．$a=0$ では $e\equiv f(x)$ となり，$f(x)=O(x^2)$ は成立しない．

第2章

[2.1] $\dfrac{d}{dx}\log|x|=\dfrac{1}{x}$ が，$x=0$ で成立しないから．

[2.2] $\dfrac{d}{dx}\displaystyle\int_x^{x+\pi}|\sin t|dt=|\sin(x+\pi)|-|\sin x|\equiv 0$.

[2.3] （ⅰ） $\dfrac{d}{dx}\log(\cos x)=-\dfrac{\sin x}{\cos x}=-\tan x$ を用い，$I=\dfrac{1}{2}\log 2$.

（ⅱ） $\dfrac{d}{dx}\cos^3 x=-3\cos^2 x\sin x$ を用い，$J=\dfrac{2}{3}$.

[2.4] 部分積分を用いて，$I=-2$, $J=2\log 2-\dfrac{3}{4}$, $K=1$.

[2.5] （ⅰ） $\dfrac{1}{4-x^2}=\dfrac{1}{4}\left(\dfrac{1}{2-x}+\dfrac{1}{2+x}\right)$ により，$I=\dfrac{1}{4}\log 3$,

(ii) $J=[\tan^{-1}x]_0^{\sqrt{3}}=\dfrac{\pi}{3}$, (iii) $K=[\sin^{-1}x]_0^{\frac{1}{2}}=\dfrac{\pi}{6}$, (iv) $x=\sin\theta$ と置換し,$L=\displaystyle\int_0^{\frac{\pi}{6}}\cos^2\theta\,\mathrm{d}\theta=\dfrac{\sqrt{3}}{8}+\dfrac{\pi}{12}$, (v) (被積分関数のグラフを考察すれば簡単であるが) $x=\dfrac{1}{2}-\dfrac{1}{2}\cos\theta$ と置換して,$M=\dfrac{1}{4}\displaystyle\int_0^{\frac{\pi}{2}}\sin^2\theta\,\mathrm{d}\theta=\dfrac{\pi}{16}$.

[2.6] (i) $\sin x=2\sin\dfrac{x}{2}\cos\dfrac{x}{2}=2\tan\dfrac{x}{2}\cos^2\dfrac{x}{2}=\dfrac{2\tan\dfrac{x}{2}}{1+\tan^2\dfrac{x}{2}}=\dfrac{2t}{1+t^2}$,

$\cos x=\cos^2\dfrac{x}{2}-\sin^2\dfrac{x}{2}=\left(1-\tan^2\dfrac{x}{2}\right)\cos^2\dfrac{x}{2}=\left(1-\tan^2\dfrac{x}{2}\right)\dfrac{1}{1+\tan^2\dfrac{x}{2}}=\dfrac{1-t^2}{1+t^2}$,

さらに,$\tan\dfrac{x}{2}=t$ を t で微分して $\dfrac{1}{2}\dfrac{1}{1+\tan^2\dfrac{x}{2}}\dfrac{\mathrm{d}x}{\mathrm{d}t}=1$,これより $\dfrac{\mathrm{d}x}{\mathrm{d}t}=\dfrac{2}{1+t^2}$.

(ii) $I=\displaystyle\int_0^1\dfrac{\mathrm{d}t}{t+1}$ となり,$I=\log 2$.

[2.7] (i) $L=\dfrac{1}{2}$, (ii) $M=\dfrac{1}{3}$.

[2.8] $k\geq 2$ を自然数とすれば,$\log x$ の増加性によって $\displaystyle\int_{k-1}^k\log x\,\mathrm{d}x<\log k<\int_k^{k+1}\log x\,\mathrm{d}x$. $k=2,3,\cdots,n$ に対するこの不等式と $0=\log 1<\displaystyle\int_1^2\log x\,\mathrm{d}x$ を総和すれば,(*) を得る.$a_n=\log\dfrac{\sqrt[n]{n!}}{n}=\dfrac{1}{n}\log n!-\log n$ とおく.(*)の両端の定積分を計算すれば,$n\log n-n+1<\log n!<(n+1)\log(n+1)-n$. これより $-1+\dfrac{1}{n}<a_n<\dfrac{1}{n}\log(n+1)+\log\dfrac{n+1}{n}-1$. ゆえに $a_n\to -1\ (n\to\infty)$. よって,求める極限値は $\mathrm{e}^{-1}=1/\mathrm{e}$.

[2.9] $I=4,\ J=\pi,\ K=2,\ L=\dfrac{\pi}{4}$.

[2.10] (i) $I=\left[-\dfrac{1}{2}\mathrm{e}^{-x^2}\right]_0^\infty=\dfrac{1}{2}$,

(ii) 部分積分により,$J=\left[-\dfrac{1}{x}\log x\right]_1^\infty+\displaystyle\int_1^\infty\dfrac{1}{x}\cdot\dfrac{1}{x}\,\mathrm{d}x=\int_1^\infty\dfrac{\mathrm{d}x}{x^2}=1$.

[2.11] $I=\displaystyle\int_0^\infty t^2\mathrm{e}^{-t}\cdot 2t\,\mathrm{d}t=2\Gamma(4)$,$J=\displaystyle\int_0^\infty t\mathrm{e}^{-t}\dfrac{1}{2}\dfrac{\mathrm{d}t}{\sqrt{t}}=\dfrac{1}{2}\Gamma\left(\dfrac{3}{2}\right)$,

$K=\displaystyle\int_0^\infty t^{-\frac{1}{4}}\mathrm{e}^{-t}\cdot\dfrac{1}{2}t^{-\frac{1}{2}}\,\mathrm{d}t=\dfrac{1}{2}\Gamma\left(\dfrac{1}{4}\right)$,$L=\displaystyle\int_0^\infty\mathrm{e}^{-2t}t^{\frac{1}{2}}\,\mathrm{d}t=\int_0^\infty\mathrm{e}^{-s}\left(\dfrac{s}{2}\right)^{\frac{1}{2}}\dfrac{\mathrm{d}s}{2}$

$=\dfrac{1}{2\sqrt{2}}\Gamma\left(\dfrac{3}{2}\right)$.

[2.12]　$(f_2, f_1) = 2a\int_0^\infty x^2 e^{-x^2} dx = 0$ より $a=0$. $(f_2, f_0) = 2\int_0^\infty (x^2+b) e^{-x^2} dx = \Gamma\left(\dfrac{3}{2}\right) + b\Gamma\left(\dfrac{1}{2}\right) = \dfrac{1}{2}\Gamma\left(\dfrac{1}{2}\right) + b\Gamma\left(\dfrac{1}{2}\right) = 0$ より $b = -\dfrac{1}{2}$.

[2.13]　(i) $L = \int_0^1 \sqrt{x}\, dx = \dfrac{2}{3}$, (ii) $M = \int_1^2 \dfrac{dx}{x^2} = \dfrac{1}{2}$.

[2.14]　(i) $0 < x < 1$ のとき $[10x]/10$ は x の小数点 2 桁以下を切り捨てた値. よって $I = 0 + 0.1 + 0.2 + \cdots + 0.9 = 4.5$. (ii) 同様に $[10^n x]/10^n$ は x の小数点 $n+1$ 位以下を切り捨てた値であるから, $L = \int_0^1 x\, dx = \dfrac{1}{2}$.

[2.15]　それぞれ, $\sum_{n=0}^\infty a_n$ および $\sum_{n=0}^\infty |a_n|$ の収束が必要十分条件である.

演習問題解答

第1章

1.1 $f(x) = \dfrac{x^3}{x^2-3} = x + \dfrac{3x}{x^2-3}$ より $f(x) - x \to 0$ ($|x| \to \infty$). よって直線 $y = x$ が漸近線. $f'(x) = \dfrac{x^2(x+3)(x-3)}{(x^2-3)^2}$ より $x > \sqrt{3}$ における $f(x)$ の最小値は $x = 3$ における値 $f(3) = \dfrac{9}{2}$. 一方, $\lim\limits_{x \to \sqrt{3}+0} f(x) = \lim\limits_{x \to +\infty} f(x) = +\infty$. よって値域は $\left[\dfrac{9}{2}, \infty\right)$.

1.2
$$f(x) = \begin{cases} 0 & (x \leq 0) \\ \dfrac{2x^2}{x^2+1} = 2 - \dfrac{2}{x^2+1} & (x \geq 0) \end{cases}$$
グラフの概形は図のようになり, $f(x)$ の値域は区間 $[0, 2)$ である.

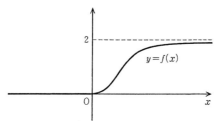

1.3 $f(x)$ は偶関数で, $x = \pm\dfrac{1}{\sqrt{t}}$ で最大値 $\dfrac{1}{et}$ を取り, $x = 0$ で最小値 0 を取る. よってその値域は区間 $\left[0, \dfrac{1}{et}\right]$ である.

$g(x)$ は奇関数で, $x = \dfrac{1}{\sqrt{2t}}, -\dfrac{1}{\sqrt{2t}}$ においてそれぞれ最大値 $\dfrac{1}{\sqrt{2et}}$, 最小値 $-\dfrac{1}{\sqrt{2et}}$ を取る. よって, g の値域は区間 $\left[-\dfrac{1}{\sqrt{2et}}, \dfrac{1}{\sqrt{2et}}\right]$ である.

1.4 (i) 任意の実数 t に対して
$$f(t) \leq \sup_{-\infty < x < \infty} f(x), \qquad g(t) \leq \sup_{-\infty < x < \infty} g(x)$$
が成り立つ. よって
$$f(t) + g(t) \leq \sup_{-\infty < x < \infty} f(x) + \sup_{-\infty < x < \infty} g(x) \tag{1}$$
すなわち, t の関数とみた (1) の左辺の上界の一つが (1) の右辺である. 上限が最小上界であることから

$$\sup_{-\infty<t<\infty}\{f(t)+g(t)\} \leq \sup_{-\infty<x<\infty}f(x) + \sup_{-\infty<x<\infty}g(x)$$

ここで左辺の文字 t はダミーであり，文字 x でおきかえてよい．よって(i)が示された．

(ii) 上と同様な論法で示される．

(iii)
$$f(t) \leq \sup_{-\infty<x<\infty}f(x) \tag{2}$$

の両辺に正の定数 k をかければ
$$kf(t) \leq k\sup_{-\infty<x<\infty}f(x)$$

これは，左辺の上界の一つが右辺の定数値であることを示している．よって，
$$\sup_{-\infty<x<\infty}kf(x) \leq k\sup_{-\infty<x<\infty}f(x) \tag{3}$$

が得られる．さらに，$g(x)$ を与えられた任意の連続かつ有界な関数として，$f(x)=\dfrac{1}{k}g(x)$ を(3)に代入すれば
$$\sup_{-\infty<x<\infty}g(x) \leq k\sup_{-\infty<x<\infty}\frac{1}{k}g(x)$$

すなわち
$$\frac{1}{k}\sup_{-\infty<x<\infty}g(x) \leq \sup_{-\infty<x<\infty}\frac{1}{k}g(x) \tag{4}$$

(4)の g の代りにあらためて f と書き，$\dfrac{1}{k}$ の代りにあらためて k と書けば
$$k\sup_{-\infty<x<\infty}f(x) \leq \sup_{-\infty<x<\infty}kf(x) \tag{5}$$

が得られる．これと(3)とを合せて，(iii)が得られる．

1.5 $g(x)=\sinh x=\dfrac{1}{2}(e^x-e^{-x})$ は単調増加であるから逆関数 g^{-1} を持つ．$y=g^{-1}(x)$ の式を求めるには方程式 $\sinh y=x$，すなわち
$$\frac{1}{2}(e^y-e^{-y}) = x \tag{1}$$

を y に関して解けばよい．(1)で $Y=e^y$ とおくと
$$Y-\frac{1}{Y} = 2x, \quad \text{すなわち} \quad Y^2-2xY-1 = 0.$$

この2次方程式の正根を取り
$$Y = x+\sqrt{x^2+1}$$

よって $y=g^{-1}(x)=\log(x+\sqrt{x^2+1})$ となり，確かに $f(x)$ が $g(x)$ の逆関数であることが示された．

1.6 $x>0$ ならば，$\lim\limits_{n\to\infty}\tan^{-1}(nx)=\lim\limits_{t\to+\infty}\tan^{-1}t=\dfrac{\pi}{2}$

$x<0$ ならば，$\lim\limits_{n\to\infty}\tan^{-1}(nx)=\lim\limits_{t\to-\infty}\tan^{-1}t=-\dfrac{\pi}{2}$

$x=0$ のときは $\lim_{n\to\infty}\tan^{-1}(nx)=\lim_{n\to\infty}0=0$

よって $f(x)=\dfrac{\pi}{2}\mathrm{sgn}(x)$ と一致する．これは $x=0$ でのみ不連続であり，$x<0$，および $x>0$ のそれぞれの半無限区間では定数である．

1.7 任意に与えられた $\varepsilon>0$ に対して
$$0<|x-a|<\delta \implies |f(x)|<\varepsilon \tag{1}$$
が成り立つような正数 δ が存在することを示せばよい．$\lim_{x\to a}g(x)=0$ の仮定により，
$$0<|x-a|<\delta_1 \implies |g(x)|<\varepsilon \tag{2}$$
を満たすような正数 δ_1 が存在する．この δ_1 を δ として採用すれば，$|f(x)|\leq|g(x)|$ と (2) とを用いることにより
$$0<|x-a|<\delta=\delta_1 \implies |f(x)|\leq|g(x)|<\varepsilon$$
となる．すなわち (1) が示された．

1.8 任意の $\varepsilon>0$ が与えられたとする．$\lim_{x\to a}f(x)=\lim_{x\to a}g(x)=\beta$ の仮定から，次のような正数 δ_1,δ_2 が存在する．
$$0<|x-a|<\delta_1 \implies |f(x)-\beta|<\varepsilon \tag{1}$$
$$0<|x-a|<\delta_2 \implies |g(x)-\beta|<\varepsilon \tag{2}$$
いま，$\delta=\min\{\delta_1,\delta_2\}$ とおけば $\delta>0$ は明らかであり，かつ $0<|x-a|<\delta$ を満たす x に対して (1), (2) が成り立つ．すなわち
$$\beta-\varepsilon<f(x)<\beta+\varepsilon, \quad \beta-\varepsilon<g(x)<\beta+\varepsilon$$
が成り立つ．したがって
$$\beta-\varepsilon<\max\{f(x),g(x)\}<\beta+\varepsilon$$
である．これは $|h(x)-\beta|<\varepsilon\ (0<|x-a|<\delta)$ を意味し題意が示された．

1.9 $F(x)=\max\{f(x),g(x)\}$ について証明するが，$G(x)$ を同じ論法で扱うことができる．いま着目する点 $x=a$ において，
$$f(a)>g(a) \tag{1}$$
であるとする．このとき，定理 1.2.1 により $(f(x)-g(x))$ に対して定理を適用せよ），$x=a$ のある近傍で $f(x)>g(x)$ が成り立つ．すなわち，その近傍では $F(x)=f(x)$ である．よって $x=a$ で F は連続．逆に，
$$f(a)<g(a) \tag{2}$$
が成り立つときは，$x=a$ のある近傍で $f(x)<g(x)$ であり，$F(x)=g(x)$ が成り立つ．よって，F は $x=a$ で連続である．最後に，$x=a$ において
$$f(a)=g(a)\ (=\beta) \tag{3}$$
であるときには，$F(\beta)=\beta$ となるが，上問の結果を用いて，$\lim_{x\to a}F(x)=\beta$ を示すこ

1.10 (i) $+\infty$ に発散.

(ii) 偶数列は $+\infty$ に発散. よって, 数列は有界ではない. (なお, 奇数列は恒等的に 0 でありしたがって 0 に収束.)

(iii) 2 に収束.

(iv) 収束しないが, 有界である. 数列を a_n とおくとき, $\limsup\limits_{n\to\infty} a_n = 2$, $\liminf\limits_{n\to\infty} a_n = 0$.

(v) 0 に収束.

(vi) 0 に収束.

1.11 (i) $b_n = \dfrac{1}{a_n}$ とおく. 任意に与えられた正数 ε に対して
$$n > N \implies |b_n| < \varepsilon \tag{1}$$
が成り立つような自然数 N が存在することを示せばよい. 仮定により, $\lim\limits_{n\to\infty} a_n = +\infty$ であるから,
$$n > N_1 \implies a_n > \frac{1}{\varepsilon} \tag{2}$$
が成り立つような自然数 N_1 が存在する. この N_1 を N に採用すれば, (2) より
$$n > N = N_1 \implies 0 < \frac{1}{a_n} < \varepsilon$$
となる. すなわち (1) が得られる.

(ii) $\lim\limits_{n\to\infty} a_n = \alpha$, $\lim\limits_{n\to\infty} b_n = \beta$ とおく. $\beta - \alpha \geqq 0$ を示せばよい. いま, ε を任意に与えられた正数とするとき, 次のような自然数 N_1, N_2 が存在する.
$$|a_n - \alpha| < \varepsilon \quad (n > N_1), \qquad |b_n - \beta| < \varepsilon \quad (n > N_2) \tag{1}$$
よって, $N = \max\{N_1, N_2\}$ とおけば, $n > N$ のとき
$$\alpha - \varepsilon < a_n < \alpha + \varepsilon, \quad \text{かつ} \quad \beta - \varepsilon < b_n < \beta + \varepsilon. \tag{2}$$
(2) と $b_n \geqq a_n$ とから
$$0 \leqq b_n - a_n < \beta + \varepsilon + (-\alpha + \varepsilon) = \beta - \alpha + 2\varepsilon \tag{3}$$
が得られる. これは, 任意の $\varepsilon > 0$ に対して
$$\beta - \alpha > -2\varepsilon \tag{4}$$
が成り立つことを意味する. これより $\beta - \alpha \geqq 0$ が結論されるのである (もし $\beta - \alpha < 0$ ならば, $\varepsilon = (\alpha - \beta)/2$ に対し, (4) は $\beta - \alpha > \beta - \alpha$ となり矛盾であるから).

1.12 $a_n = \dfrac{\cos n\theta}{n^2}$ とおく. $|a_n| \leqq \dfrac{1}{n^2}$ であるから級数 $\sum\limits_{n=1}^{\infty} \dfrac{1}{n^2} < +\infty$ は $\sum\limits_{n=1}^{\infty} a_n$ の収束する優級数である. また, $b_n = \dfrac{\cos n\sigma}{2^n}$ とおく. $|b_n| \leqq \dfrac{1}{2^n}$ より等比級数 $\sum\limits_{n=1}^{\infty} \dfrac{1}{2^n}$

は $\sum_{n=1}^{\infty} b_n$ の収束する優級数である．よって，定理 1.3.8 により題意が証明された．

1.13 問題の級数の部分和を S_n とおく．すなわち

$$S_n = 1 - \frac{1}{2} + \frac{1}{3} - \frac{1}{4} + \cdots + (-1)^{n-1}\frac{1}{n}$$

一方，$T_k = 1 + \frac{1}{2} + \frac{1}{3} + \cdots + \frac{1}{k}$ とおけば，n が偶数 $2k$ のときの S_n は，

$$\begin{aligned}
S_{2k} &= 1 - \frac{1}{2} + \frac{1}{3} - \frac{1}{4} + \cdots + \frac{1}{2k-1} - \frac{1}{2k} \\
&= 1 + \frac{1}{2} + \frac{1}{3} + \cdots + \frac{1}{2k} - 2\left(\frac{1}{2} + \frac{1}{4} + \cdots + \frac{1}{2k}\right) \\
&= T_{2k} - T_k = \log(2k) + \gamma + o(1) - \{\log k + \gamma + o(1)\} \\
&= \log 2 + o(1) \to \log 2.
\end{aligned}$$

また，$S_{2k+1} = S_{2k} + \frac{1}{2k+1} \to \log 2 + 0 = \log 2$．よって，$S_n \to \log 2$ $(n \to \infty)$ となり題意が示された．

1.14 (i) $E_n = S_{2n} = (a_1 - a_2) + (a_3 - a_4) + \cdots + (a_{2n-1} - a_{2n})$ において，（　）はすべて非負である．よって E_n は項数の増加と共に増える増加数列である．

(ii) $E_n = a_1 - (a_2 - a_3) - (a_4 - a_5) - \cdots - (a_{2n-2} - a_{2n-1}) - a_{2n}$ における右辺の $(a_{2k} - a_{2k+1})$ はすべて非負であり，もちろん，$a_{2n} \geq 0$ である．よって，$E_n \leq a_1$ が成り立つ．よって E_n はある極限値 S に収束する．すなわち，

$$S_{2n} \to S \quad (n \to \infty)$$

(iii) $S_{2n+1} = S_{2n} + a_{2n+1}$ において，$S_{2n} \to S$，$a_{2n+1} \to 0$ を用いれば

$$S_{2n} \to S \quad (n \to \infty).$$

結局，部分和 S_n 自身が S に収束し，したがって，S が (*) の和であることが示された．

1.15 与えられた級数は正項級数である．よって，その部分和 S_n が有界であることを示せばよい．k を 2 以上の自然数とするとき，

$$\frac{\log k}{k^2} \leq \frac{\log x}{(x-1)^2} \quad (k \leq x \leq k+1) \tag{1}$$

が成り立つ．よって

$$\sum_{k=2}^{n} \frac{\log k}{k^2} = \int_{2}^{n+1} \frac{\log x}{(x-1)^2} dx \leq \int_{2}^{\infty} \frac{\log x}{(x-1)^2} dx \tag{2}$$

(2) の最右辺の積分を (部分積分を用いて) 実行すれば

$$\int_{2}^{\infty} \frac{\log x}{(x-1)^2} dx = \log 2 + \int_{2}^{\infty} \frac{dx}{x(x-1)} = \log 2 + \int_{2}^{\infty} \left(\frac{1}{x-1} - \frac{1}{x}\right) dx$$

$$= \log 2 + \left[\log \frac{x-1}{x}\right]_2^\infty = 2\log 2 \tag{3}$$

よって(2)より問題の級数の部分和の有界性が得られる．((3)の具体的な値を求めなくても，$x \to +\infty$ のとき，$\frac{\log x}{\sqrt{x}}$ が有界であることを用いて，$f(x) = O(x^{-\frac{3}{2}})$ ($x \to \infty$) を導き，(2)の右端の積分の存在を論証してもよい．)

(別解) $\frac{\log n}{\sqrt{n}} \to 0$ ($n \to \infty$) であるから，$\frac{\log n}{\sqrt{n}} \le M$ ($n \ge 2$) が成り立つような正数 M が存在する．これを用いると $\frac{\log n}{n^2} \le \frac{M}{n^{\frac{3}{2}}}$ であるから，定理1.3.6により収束する級数 $\sum_{n=2}^\infty \frac{M}{n^{\frac{3}{2}}}$ が問題の級数の優級数である．よって定理1.3.8により題意が示された．

1.16 与えられた第一の級数を(∗)で表わす．$\frac{1}{\log n} \le \frac{1}{\log 2}$ ($n \ge 2$) であるから

$$\sum_{n=2}^\infty \frac{1}{(\log 2)} \frac{1}{n^a} = \frac{1}{\log 2} \sum_{n=2}^\infty \frac{1}{n^a} \tag{1}$$

が(∗)の優級数を与える．一方，例1.3.3により，$a > 1$ ならば(1)の級数は収束する．よって，$a > 1$ ならば(∗)は収束する．

次に $a = 1$ の場合を考える．$x > 1$ において $f(x) = \frac{1}{x \log x}$ は x の減少関数である．よって

$$f(x) \le f(k) = \frac{1}{k \log k} \qquad (k-1 \le x \le k).$$

したがって，

$$\int_{k-1}^k f(x)\,\mathrm{d}x \le \frac{1}{k \log k}.$$

これより

$$\sum_{k=3}^n \frac{1}{k \log k} \ge \int_2^n \frac{\mathrm{d}x}{x \log x} \tag{2}$$

が得られる．(2)の右辺の積分で $\log x = t$ と変数変換すれば

$$\int_2^n \frac{1}{x \log x}\,\mathrm{d}x = \int_{\log 2}^{\log n} \frac{\mathrm{d}t}{t} = [\log t]_{\log 2}^{\log n} = \log(\log n) - \log(\log 2)$$

$n \to \infty$ のとき $\log(\log n) \to +\infty$ である．よって(2)から(∗)の部分和は $+\infty$ に発散すること，すなわち，級数(∗)の和は $+\infty$ であることがわかる．

$0 < a < 1$ のときは

$$\frac{1}{n^a \log n} \ge \frac{1}{n \log n} \qquad (n \ge 2)$$

を用いて $a = 1$ の場合と比較することにより(∗)は発散であることがわかる．すなわち，第一の級数(∗)は，$a > 1$ ならば収束，$0 < a \le 1$ ならば発散である．

第二の級数は，問題 1.14 の結果により，$a>0$ ならば収束である．

1.17 $(\cosh x)'=\sinh x$, $(\sinh x)'=\cosh x$ であるから，$n=2m, 2m-1$ に応じて（m は自然数）

$$f^{(2m)}(x) = f(x) = \cosh x, \qquad f^{(2m-1)}(x) = g(x) = \sinh x$$
$$g^{(2m)}(x) = g(x) = \sinh x, \qquad g^{(2m-1)}(x) = f(x) = \cosh x$$

1.18 $f(x)=\dfrac{1}{2}\left(\dfrac{1}{x-1}-\dfrac{1}{x+1}\right)$ より

$$f^{(n)}(x) = \frac{1}{2}\left\{\frac{(-1)^n n!}{(x-1)^{n+1}}-\frac{(-1)^n n!}{(x+1)^{n+1}}\right\}, \quad f^{(n)}(0) = -\frac{n!}{2}\{1+(-1)^n\}$$

1.19 $f(x)=\dfrac{1}{2\mathrm{i}}\left(\dfrac{1}{x-\mathrm{i}}-\dfrac{1}{x+\mathrm{i}}\right)$ より

$$f^{(n)}(x) = \frac{1}{2\mathrm{i}}\left\{\frac{(-1)^n n!}{(x-\mathrm{i})^{n+1}}-\frac{(-1)^n n!}{(x+\mathrm{i})^{n+1}}\right\}$$

よって，

$$f^{(n)}(0) = \frac{1}{2\mathrm{i}}\left\{\frac{(-1)^n n!}{(-\mathrm{i})^{n+1}}-\frac{(-1)^n n!}{\mathrm{i}^{n+1}}\right\} = \frac{n!}{2}\frac{1+(-1)^n}{\mathrm{i}^n}$$

これより，$n=$ 奇数ならば，$f^{(n)}(0)=0$，$n=$ 偶数 $=2m$ ならば

$$f^{(n)}(0) = (-1)n!\frac{1}{(-1)^m} = (-1)^{1+\frac{n}{2}}n!$$

となる．

1.20 $g(x)=\tan^{-1}x$ より $g'(x)=\dfrac{1}{x^2+1}\equiv f(x)$．

よって $n\geqq 1$ のとき $g^{(n)}(0)=f^{(n-1)}(0)$．よって前問の結果を用いて，

$$n \text{ が偶数} \implies g^{(n)}(0) = 0$$
$$n \text{ が奇数 } 2m-1 \implies g^{(n)}(0) = (-1)^{\frac{n+1}{2}}(n-1)!$$

1.21 (i) $L_2(x) = \mathrm{e}^x\dfrac{\mathrm{d}^2}{\mathrm{d}x^2}(x^2\mathrm{e}^{-x}) = \mathrm{e}^x(x^2-4x+2)\mathrm{e}^{-x}$

$$= x^2-4x+2$$

$L_3(x) = \mathrm{e}^x\dfrac{\mathrm{d}^3}{\mathrm{d}x^3}(x^3\mathrm{e}^{-x}) = \mathrm{e}^x(x^3-9x^2+18x-6)\mathrm{e}^{-x}$

$$= x^3-9x^2+18x-6$$

(ii) 上の計算を一般的に遂行すれば

$$L_n(x) = \mathrm{e}^x\sum_{k=0}^{n}\binom{n}{k}\left\{\left(\frac{\mathrm{d}}{\mathrm{d}x}\right)^k x^n\right\}(-1)^{n-k}\mathrm{e}^{-x}$$

$$= \sum_{k=0}^{\infty} (-1)^{n-k} \binom{n}{k} n(n-1)\cdots(n-k+1) x^{n-k}$$

となる.

1.22 (i) $H_2(x) = (-1)^2 e^{x^2} \dfrac{d^2}{dx^2}(e^{-x^2}) = e^{x^2} \dfrac{d}{dx}(-2xe^{-x^2})$

$\qquad = e^{x^2}\{(-2x)^2 - 2\}e^{-x^2} = 4x^2 - 2$

$H_3(x) = (-1)^3 e^{x^2} \dfrac{d}{dx}\left(\dfrac{d^2}{dx^2}e^{-x^2}\right) = -e^{x^2} \dfrac{d}{dx}\{(4x^2-2)e^{-x^2}\}$

$\qquad = 8x^3 - 12x$

(ii) 帰納法によって証明する.

$H_{n+1}(x) = (-1)^{n+1} e^{x^2} \left(\dfrac{d}{dx}\right)^{n+1} e^{-x^2}$ と $(-1)^n H_n(x) e^{-x^2} = \left(\dfrac{d}{dx}\right)^n e^{-x^2}$ から

$H_{n+1}(x) = (-1)^{n+1} e^{x^2} \dfrac{d}{dx}\{(-1)^n H_n(x) e^{-x^2}\}$

$\qquad = -e^{x^2}\{(-2x)e^{-x^2} H_n(x) + H_n'(x) e^{-x^2}\}$

$\qquad = 2x H_n(x) - H_n'(x)$

漸化式 $H_{n+1}(x) = 2xH_n(x) - H_n'(x)$ と $H_1(x) = 2x$ とを用いて, 任意の自然数 n に対する命題

$$H_n(x) = (2x)^n + (n-1) \text{ 次以下の多項式} \tag{1}$$

を数学的帰納法によって証明することはやさしい. (なお $H_0(x) \equiv 1$ から出発してもよい.)

1.23 $f(x) = e^{-x^2}$ のとき $f'(x) = -2xe^{-x^2}$, $f''(x) = (-2x)^2 e^{-x^2} - 2e^{-x^2} = (4x^2 - 2)e^{-x^2}$, ⋯ と計算できる. これより, k を 0 または自然数とするとき

$$f^{(k)}(x) = \{(-2x)^k + (k-1) \text{ 以下の多項式}\} e^{-x^2} \tag{1}$$

となることがわかる. (厳密には数学的帰納法で証明される.) すなわち, $f \in C^\infty(R^1)$ である. つぎに, 任意の自然数 m に対して

$$|x|^m e^{-x^2} = t^{\frac{m}{2}} e^{-t} \qquad (t = x^2)$$

が $t \to +\infty$, すなわち $|x| \to \infty$ のとき 0 に収束することは定理 1.1.6 により明らかである. したがって, (1)より, n を任意の自然数として

$$|x|^n f^{(k)}(x) \to 0 \qquad (|x| \to \infty)$$

が得られる. これで $f \in S(R^1)$ が示された.

1.24 微分係数の定義より

$$\lim_{h\to 0}\frac{f(x+h)-f(x)}{h} = f'(x).$$

また，$-h=t$ とおくことにより

$$\lim_{h\to 0}\frac{f(x)-f(x-h)}{h} = \lim_{t\to 0}\frac{f(x)-f(x+t)}{-t} = f'(x)$$

また，

$$\lim_{h\to 0}\frac{f(x+h)-f(x-h)}{2h} = \frac{1}{2}\lim_{h\to 0}\frac{f(x+h)-f(x)+f(x)-f(x-h)}{h}$$
$$= \frac{1}{2}\lim_{h\to 0}\frac{f(x+h)-f(x)}{h} + \frac{1}{2}\lim_{h\to 0}\frac{f(x)-f(x-h)}{h}$$
$$= \frac{1}{2}f'(x)+\frac{1}{2}f'(x) = f'(x)$$

1.25 (i) $|f'''(x)|\leq M$ $(x\in I)$ とおく．$x, x+h, x-h$ が I に属するとして，Taylor の定理を用いると

$$f(x+h) = f(x)+hf'(x)+\frac{h^2}{2}f''(x)+\frac{h^3}{3!}f'''(\xi_1) \tag{1}$$

ただし，ξ_1 は x と $x+h$ の間のある数．

$$f(x-h) = f(x)-hf'(x)+\frac{h^2}{2}f''(x)+\frac{h^3}{3!}f'''(\xi_2) \tag{2}$$

ただし，ξ_2 は x と $x-h$ の間の数．

これらより，$R=\dfrac{f(x+h)-f(x-h)}{2h}-f'(x)$ を計算すれば $2R=\dfrac{h^2}{3!}f'''(\xi_1)-\dfrac{h^2}{3!}f'''(\xi_2)$ となり，$|f'''(x)|\leq M$ を用いて，$\left|\dfrac{R}{h^2}\right|\leq\dfrac{M}{3!}$. すなわち，$h\to 0$ のとき R/h^2 は有界である．よって $R=O(h^2)$．これで題意が示された．

(ii) $|f^{(4)}(x)|\leq M$ $(x\in I)$ とおく．今度も Taylor の定理により

$$f(x+h) = f(x)+hf'(x)+\frac{h^2}{2!}f''(x)+\frac{h^3}{3!}f^{(3)}(x)+\frac{h^4}{4!}f^{(4)}(\xi_1),$$
$$f(x-h) = f(x)-hf'(x)+\frac{h^2}{2!}f''(x)-\frac{h^3}{3}f^{(3)}(x)+\frac{h^4}{4!}f^{(4)}(\xi_2)$$

が成り立つ．ただし，ξ_1, ξ_2 はそれぞれ x と $x+h$, x と $x-h$ の間のある数である．これらより $R=\dfrac{f(x+h)+f(x-h)-2f(x)}{h^2}-f''(x)$ を計算すると $R=\dfrac{h^2}{4!}f^{(4)}(\xi_1)+\dfrac{h^2}{4!}f^{(4)}(\xi_2)$ となる．これより

$$\left|\frac{R}{h^2}\right| = \left|\frac{f^{(4)}(\xi_1)}{4!}+\frac{f^{(4)}(\xi_2)}{4!}\right| \leq \frac{2M}{4!}$$

が得られ，$R=O(h^2)$ が示された．

1.26 $F''(x)=f''(x)+M\geq 0$ であるから，関数 F は下に凸である．一方，$F(0)$

$=f(0)=l(0)$, $F(1)=f(1)=l(1)$ であるから, 1次関数 $y=l(x)$ は F のグラフ上の 2 点 $(0, F(0))$, $(1, F(1))$ を結ぶ割線である. したがって F の凸性により, 閉区間 $K=[0,1]$ において

$$F(x) \leq l(x) \tag{1}$$

が成り立つ. すなわち $f(x)-\dfrac{M}{2}x(1-x) \leq l(x)$. よって

$$f(x)-l(x) \leq \dfrac{M}{2}x(1-x) \qquad (x \in K) \tag{2}$$

同様に, $G''(x)=-f''(x)+M \geq 0$ であるから, G は凸関数である. ところが, $G(0)=-f(0)=-l(0)$, $G(1)=-f(1)=-l(1)$ であるから, $y=-l(x)$ が, G のグラフ上の 2 点 $(0, G(0))$, $(1, G(1))$ を結ぶ割線の方程式である. よって

$$G(x) \leq -l(x) \qquad (x \in [0,1])$$

である. これは

$$-\dfrac{M}{2}x(1-x) \leq f(x)-l(x) \qquad (x \in K) \tag{3}$$

を意味する. (2), (3) をあわせると題意の評価

$$|f(x)-l(x)| \leq \dfrac{M}{2}x(1-x)$$

が得られる.

1.27 $\alpha \cos x + \beta \sin x = \alpha + \beta x + O(x^2)$ $(x \to 0)$ であることを用いる.

(i) $\dfrac{1}{1-x}=1+x+O(x^2)=\alpha+\beta x+O(x^2)$ が成り立つように α, β を選べばよい. すなわち $\alpha=\beta=1$.

(ii) $\dfrac{e^x-1}{x}=\dfrac{1+x+\dfrac{x^2}{2}+O(x^3)-1}{x}=1+\dfrac{x}{2}+O(x^2)$ と比較して $\alpha=1$, $\beta=\dfrac{1}{2}$.

(iii) $\cos x - e^{-\frac{x^2}{2}} = 1-\dfrac{x^2}{2}+\dfrac{x^4}{24}+O(x^6)-\left(1-\dfrac{x^2}{2}+\dfrac{x^4}{8}+O(x^6)\right)$

$$=-\dfrac{x^4}{12}+O(x^6)$$

ゆえに $\left(\cos x - e^{-\frac{x^2}{2}}\right)^2 = \dfrac{x^8}{144}+O(x^{10})$

よって, $\dfrac{\left(\cos x - e^{-\frac{x^2}{2}}\right)^2}{x^8}=\dfrac{1}{144}+O(x^2)$ と比較して $\alpha=\dfrac{1}{144}$, $\beta=0$.

1.28 $\dfrac{1}{1+x}=1-x+x^2-x^3+x^4-\cdots+(-1)^{n-1}x^{n-1}+\cdots$ を, $|x|$ を十分小さいとして 0 から x まで積分すれば, 左辺は

$$\int_0^x \frac{1}{1+x} = \log(1+x) - \log 1 = \log(1+x).$$

右辺は(形式的な項別積分が許されているので)

$$x - \frac{x^2}{2} + \frac{x^3}{3} - \frac{x^4}{4} + \cdots + \frac{(-1)^{n-1}}{n} x^n + \cdots$$

これらから, $|x|$ が十分小さいとして(実は $|x|<1$ の範囲で)

$$\log(1+x) = x - \frac{x^2}{2} + \frac{x^3}{3} - \cdots + \frac{(-1)^{n-1}}{n!} x^n + \cdots$$

が成り立つ.

1.29 (i) $f(x)=\tan^{-1}x$ に対して $f'(x)=\dfrac{1}{1+x^2}$, かつ $f(0)=0$ であるから

$$\tan^{-1}x = f(x) - f(0) = \int_0^x \frac{\mathrm{d}x}{1+x^2} \tag{1}$$

は任意の x に対して成り立つ. 一方, $|x|<1$ では

$$\frac{1}{1+x^2} = 1 - x^2 + x^4 - \cdots + (-1)^n x^{2n} + \cdots \tag{2}$$

が成り立つ. この右辺の項別積分がゆるされるとすれば($|x|<1$ の範囲では実際に O.K. である!),

$$\int_0^x \frac{\mathrm{d}x}{1+x^2} = x - \frac{x^3}{3} + \frac{x^5}{5} - \cdots + \frac{(-1)^n}{2n+1} x^{2n+1} + \cdots \tag{3}$$

であるから, (1)とあわせて, $\tan^{-1}$ の Taylor 展開

$$\tan^{-1}x = x - \frac{x^3}{3} + \frac{x^5}{5} - \cdots + \frac{(-1)^n}{2n+1} x^{2n+1} + \cdots \tag{4}$$

が導かれる.

(ii)* まず, $0 \leq x < 1$ の範囲で考える. $R_n \equiv \int_0^x \dfrac{\mathrm{d}x}{1+x^2} - \int_0^x (1-x^2+x^4-\cdots+(-1)^n x^{2n})\mathrm{d}x$ とおく. 問題文に与えられている不等式を用いれば

$$|R_n| \leq \int_0^x \left|\frac{1}{1+x^2} - (1-x^2+x^4-\cdots+(-1)^n x^{2n})\right| \mathrm{d}x$$

$$\leq \int_0^x x^{2n+1} \mathrm{d}x = \frac{x^{2n+2}}{2n+2}$$

これより $0 \leq x < 1$ に注意すれば, $|R_n| \to 0 \ (n \to \infty)$ がわかる. ところが,

$$R_n = \tan^{-1}x - \left(x - \frac{x^3}{3} + \frac{x^5}{5} - \cdots + (-1)^n \frac{x^{2n+1}}{2n+1}\right)$$

であるから, (4)が $0 \leq x < 1$ に対して得られたことになる. $-1 < x \leq 0$ の範囲の x に対して(4)を示すには, (4)の両辺が x に関して奇関数であることに注意して ($-x=t$ とおきかえて), すでに示された場合に帰着すればよい.

演習問題解答

第 2 章

2.1

(i) $\displaystyle\int_0^1 x^a(1+x)\,dx = \int_0^1 x^a dx + \int_0^1 x^{a+1} dx = \frac{1}{a+1} + \frac{1}{a+2}$ （後略）

(ii) $\displaystyle\int_0^1 (1-x)^a x\,dx = \int_0^1 t^a(1-t)\,dt \quad (t=1-x \text{ とおいた})$.

∴ $\displaystyle\int_0^1 (1-x)^a x\,dx = \frac{1}{a+1} - \frac{1}{a+2}$ （後略）

(iii) $\displaystyle\int_0^1 (1+x)^a x^2 dx = \int_1^2 t^a(t-1)^2 dt \quad (t=1+x \text{ とおいた})$.

∴ $\displaystyle\int_0^1 (1+x)^a x^2 dx$

$\displaystyle = \int_1^2 t^{a+2} dt - 2\int_1^2 t^{a+1} dt + \int_1^2 t^a dt$

$\displaystyle = \frac{1}{a+3}(2^{a+3}-1) - 2\frac{1}{a+2}(2^{a+2}-1) + \frac{1}{a+1}(2^{a+1}-1)$ （後略）

2.2

(i) 積を和になおす公式

$$\sin nx \sin mx = \frac{1}{2}(\cos(n-m)x - \cos(n+m)x) \tag{1}$$

を用いる．一方，k を 0 でない自然数とすれば

$$\int_0^\pi \cos kx\,dx = \frac{1}{k}(\sin k\pi - \sin 0) = 0$$

であるから，題意の $n \ne m$ の場合が得られる．次に $n=m$ ならば，(1) は倍角公式

$$\sin^2 nx = \frac{1}{2}(1-\cos 2nx)$$

にほかならないが，それを用いると

$$\int_0^\pi \sin^2 nx = \frac{1}{2}\int_0^\pi dx - \frac{1}{2}\int_0^\pi \cos 2nx\,dx$$

$$= \frac{\pi}{2} - \frac{1}{2}\frac{\sin 2n\pi}{2n} = \frac{\pi}{2}$$

となり検証が了る．

(ii) やはり積を和になおす公式

$$\cos nx \cos mx = \frac{1}{2}(\cos(n-m)x + \cos(n+m)x)$$

を用い($n=m$ の場合には倍角公式になる)，(i)と同様に計算すればよい．

2.3

(i) $\displaystyle\int_0^{\frac{\pi}{2}}\sin^2 x\,dx = \frac{1}{2}\int_0^{\frac{\pi}{2}}(1-\cos 2x)\,dx$

$$= \frac{1}{2}\frac{\pi}{2} - \frac{1}{2}\left[\frac{\sin 2x}{2}\right]_0^{\frac{\pi}{2}} = \frac{\pi}{4} - 0 = \frac{\pi}{4}$$

(ii) 部分積分を用いて計算する．

$$\int_0^{\frac{\pi}{2}} x\sin x\,dx = [x(-\cos x)]_0^{\frac{\pi}{2}} + \int_0^{\frac{\pi}{2}}\cos x\,dx$$

$$= 0 + [\sin x]_0^{\frac{\pi}{2}} = \sin\frac{\pi}{2} = 1$$

(iii) 倍角公式を用い，部分積分を行って計算する．

$$\int_0^{\frac{\pi}{2}} x\sin^2 x\,dx = \frac{1}{2}\int_0^{\frac{\pi}{2}} x(1-\cos 2x)\,dx$$

$$= \frac{1}{2}\int_0^{\frac{\pi}{2}} x\,dx - \frac{1}{2}\int_0^{\frac{\pi}{2}} x\cos 2x\,dx$$

$$= \frac{1}{2}\frac{1}{2}\left(\frac{\pi}{2}\right)^2 - \frac{1}{2}\left[x\frac{\sin 2x}{2}\right]_0^{\frac{\pi}{2}} + \frac{1}{4}\int_0^{\frac{\pi}{2}}\sin 2x\,dx$$

$$= \frac{\pi^2}{16} + \frac{1}{4}\left[-\frac{\cos 2x}{2}\right]_0^{\frac{\pi}{2}} = \frac{\pi^2}{16} + \frac{1}{8}[1+1] = \frac{\pi^2}{16} + \frac{1}{4}$$

(iv) $\displaystyle\int_0^{\sqrt{\frac{\pi}{2}}} x\sin(x^2)\,dx = \frac{1}{2}\int_0^{\frac{\pi}{2}}\sin t\,dt$ （$t = x^2$ とおいた）

$\therefore\ \displaystyle\int_0^{\sqrt{\frac{\pi}{2}}} x\sin(x^2)\,dx = \frac{1}{2}[-\cos t]_0^{\frac{\pi}{2}} = \frac{1}{2}\left(1 - \cos\frac{\pi}{2}\right) = \frac{1}{2}$

2.4 $u(0) = e^0\beta + 0 = \beta$ は明らか．

$$u'(t) = Ae^{At}\beta + e^{A(t-t)}f(t) + \int_0^t Ae^{A(t-s)}f(s)\,ds$$

$$= A\left\{e^{At}\beta + \int_0^t e^{A(t-s)}f(s)\,ds\right\} + f(t) = Au(t) + f(t).$$

2.5 $u(0)=0$ は明らか.

$$u'(t) = \frac{1}{k}\sin k(t-t)f(t) + \frac{1}{k}\int_0^t k\cos k(t-s)f(s)\,\mathrm{d}s$$
$$= \int_0^t \cos k(t-s)f(s)\,\mathrm{d}s \tag{1}$$

より $u'(0)=0$ も明らか.また(1)をさらに t で微分して

$$u''(t) = \cos k(t-t)f(t) + \int_0^t (-k\sin k(t-s))f(s)\,\mathrm{d}s$$
$$= f(t) - k\int_0^t \sin k(t-s)f(s)\,\mathrm{d}s$$
$$= f(t) - k^2 u(t)$$

∴ $u''(t) + k^2 u(t) = f(t)$.

2.6 $u(0) = \int_0^1 G(0,y)f(y)\,\mathrm{d}y = \int_0^1 0\cdot(1-y)f(y)\,\mathrm{d}y = 0,$

$u(1) = \int_0^1 G(1,y)f(y)\,\mathrm{d}y = \int_0^1 y(1-1)f(y)\,\mathrm{d}y = 0,$

$u(x) = \int_0^x G(x,y)f(y)\,\mathrm{d}y + \int_x^1 G(x,y)f(y)\,\mathrm{d}y$

$\quad = \int_0^x y(1-x)f(y)\,\mathrm{d}y + \int_x^1 x(1-y)f(y)\,\mathrm{d}y$

$\quad = (1-x)\int_0^x yf(y)\,\mathrm{d}y + x\int_x^1 (1-y)f(y)\,\mathrm{d}y \tag{1}$

(1)を微分することにより

$$u'(x) = -\int_0^x yf(y)\,\mathrm{d}y + (1-x)xf(x)$$
$$\quad + \int_x^1 (1-y)f(y)\,\mathrm{d}y - x(1-x)f(x)$$
$$= -\int_0^x yf(y)\,\mathrm{d}y + \int_x^1 (1-y)f(y)\,\mathrm{d}y$$

∴ $u''(x) = -xf(x) - (1-x)f(x) = -f(x)$

2.7 (i) $f(x) = (x^2-1)^3$ とおく.$f(x)$ は $x=1, -1$ で3重零点になっているので,(ヒントにあるように)$f^{(0)}(-1) = f'(-1) = f''(-1) = 0$, $f^{(0)}(1) = f'(1) = f''(1) = 0$ を満たす.よって部分積分により

$\int_{-1}^1 p(x)q(x)\,\mathrm{d}x = [f''(x)q(x)]_{-1}^1 - \int_{-1}^1 f''(x)q'(x)\,\mathrm{d}x$

$\quad = -\int_{-1}^1 f''(x)q'(x)\,\mathrm{d}x = -[f'(x)q'(x)]_{-1}^1 + \int_{-1}^1 f'(x)q''(x)\,\mathrm{d}x$

$$= 2a\int_{-1}^{1} f'(x)\,\mathrm{d}x = 2a(f(1)-f(-1)) = 0.$$

(ii) $p(x) = \left(\dfrac{\mathrm{d}}{\mathrm{d}x}\right)^3 (x^6 + (x\text{ の }5\text{ 次関数}))$

$\qquad\quad = 6\cdot 5\cdot 4 x^3 + (x\text{ の }2\text{ 次関数})$

であること,および,(i)の結果を用いれば,

$$\int_{-1}^{1} p^2(x)\,\mathrm{d}x = \int_{-1}^{1} p(x)(120x^3 + (2\text{ 次関数}))\,\mathrm{d}x$$

$$= 120\int_{-1}^{1} p(x)x^3\,\mathrm{d}x = 120\int_{-1}^{1} f'''(x)x^3\,\mathrm{d}x$$

$$= 6\cdot 5\cdot 4\Big([f''(x)x^3]_{-1}^{1} - \int_{-1}^{1} f''\cdot 3x^2\,\mathrm{d}x\Big) = \cdots$$

$$= -6!\int_{-1}^{1} f\,\mathrm{d}x = -6!\int_{-1}^{1} (x^2-1)^3\,\mathrm{d}x$$

$$= 6!\times 2\int_{0}^{1}(1-x^2)^3\,\mathrm{d}x = 2\cdot 6!\int_{0}^{1}(1-3x^2+3x^4+x^6)\,\mathrm{d}x$$

$$= 2\cdot 6!\left(1-\dfrac{3}{3}+\dfrac{3}{5}+\dfrac{1}{7}\right)\quad(\text{後略})$$

2.8 $I_n = \displaystyle\int_a^b f(x)\sin nx\,\mathrm{d}x,\ J_n = \displaystyle\int_a^b f(x)\cos nx\,\mathrm{d}x$

とおく.部分積分により

$$I_n = \left[f(x)\dfrac{-\cos nx}{n}\right]_a^b + \dfrac{1}{n}\int_a^b f'(x)\cos nx\,\mathrm{d}x$$

$$= \dfrac{1}{n}(f(a)\cos na - f(b)\cos nb) + \dfrac{1}{n}\int_a^b f'(x)\cos nx\,\mathrm{d}x \qquad (1)$$

$$|f(x)| \leq M_0,\quad |f'(x)| \leq M_1 \qquad (a\leq x\leq b) \qquad (2)$$

を満たす定数 M_0, M_1 を用いれば,(1) より

$$|I_n| \leq \dfrac{1}{n}(|f(a)||\cos na| + |f(b)||\cos nb|) + \dfrac{1}{n}\int_a^b |f'(x)||\cos nx|\,\mathrm{d}x$$

$$\leq \dfrac{1}{n}(M_0+M_0) + \dfrac{1}{n}\int_a^b M_1\,\mathrm{d}x = \dfrac{2M_0}{n} + \dfrac{M_1(b-a)}{n}$$

よって,$I_n\to 0\ (n\to\infty)$ がわかる.同様に

$$J_n = \left[f(x)\dfrac{\sin nx}{n}\right]_a^b - \dfrac{1}{n}\int_a^b f'(x)\sin nx\,\mathrm{d}x$$

より

$$|J_n| \leq \dfrac{2M_0}{n} + \dfrac{M_1(b-a)}{n} \to 0 \qquad (n\to\infty)$$

が得られ,題意が証明された.

2.9 $I = \int_a^b f(x)g(x)\mathrm{d}x,\ J = \int_a^b f(x)^2\mathrm{d}x,\ K = \int_a^b g(x)^2\mathrm{d}x$

とおく．さて(ヒントに与えられた)不等式

$$(f(x)g(y) - f(y)g(x))^2 \geq 0 \tag{1}$$

を $f(x)^2 g(y)^2 - 2f(x)g(y)\cdot f(y)g(y) + g(x)^2 f(y)^2 \geq 0$ と展開してから，x, y について $[a, b]\times[a, b]$ で積分する．その際，

$$\int_a^b\int_a^b f(x)^2 g(y)^2 \mathrm{d}x\mathrm{d}y = \int_a^b f(x)^2 \mathrm{d}x \cdot \int_a^b g(y)^2 \mathrm{d}y = J\cdot K$$

$$\int_a^b\int_a^b f(x)g(x)\cdot f(y)g(y)\mathrm{d}x\mathrm{d}y = \int_a^b f(x)g(x)\mathrm{d}x \cdot \int_a^b f(y)g(y)\mathrm{d}y$$
$$= I\cdot I = I^2$$

$$\int_a^b\int_a^b g(x)^2 f(y)^2 \mathrm{d}x\mathrm{d}y = \int_a^b g(x)^2 \mathrm{d}x \cdot \int_a^b f(y)^2 \mathrm{d}y$$
$$= K\cdot J$$

を用いると，$2JK - 2I^2 \geq 0$，すなわち

$$I^2 \leq JK \tag{2}$$

が得られる．等号の吟味に移ろう．(2)で等号が成立するのは，(1)の等号が恒等的に成立する場合

$$f(x)g(y) = f(y)g(x) \quad (\forall x, y) \tag{3}$$

の場合である．いま，$[a, b]$ において，$f(x)$ が 0 にならないと仮定しているので，

$$\frac{g(x)}{f(x)} = \frac{g(y)}{f(y)} \quad (\forall x, y) \tag{4}$$

である．これは $g(x)/f(x)$ が定数関数であることを意味している(たとえば $y=a$ と固定し，x を $[a, b]$ のなかで動かしてみよ)．すなわち，ある定数 k に対して

$$\frac{g(x)}{f(x)} = k\ (\forall x), \quad \text{すなわち},\ g(x) = kf(x) \tag{5}$$

が成り立つ．すなわち，$f(x) \neq 0\ (\forall x)$ のとき(2)の等号が成り立つのは，g が f に比例しているときであることがわかる．

別証 ヒントに指示された2番目の方法に従う．

$$(tf(x) - g(x))^2 = t^2 f(x)^2 - 2tf(x)g(x) + g(x)^2 \geq 0 \tag{6}$$

を，x に関して区間 $[a, b]$ 上で積分すれば

$$Jt^2 - 2It + K \geq 0 \tag{7}$$

が得られる．$J=0$ のときは，$f(x)\equiv 0$ であり，g が何であっても I も 0 になるので，目標の不等式(2)は両辺=0 となって成立である．$f(x) \not\equiv 0$ とすれば(f の連続

性も考慮に入れて) $J>0$ である．よって，(7)は実変数 t に関する 2 次不等式である．(7)が任意の実数 t に対して成立するのは，その判別式が負または 0 のときである．よって，判別式 $=4(I^2-JK)$ から(2)が得られる．

この方法では，(2)の等号の吟味は次のように行われる．(2)の等号が成立するのは，2次方程式 $Jt^2-2It+K=0$ が実数の重解 $t=k$ を持つときであり，そのとき

$$Jk^2-2Ik+K = \int_a^b (kf(x)-g(x))^2 dx = 0 \tag{8}$$

が成り立つ．(8)より $kf(x)-g(x)\equiv 0$ となり，$g(x)=kf(x)$ であることがわかる．

2.10 (i) $\lim_{t\to +\infty}\dfrac{(\log t)^a}{\sqrt{t}}=0$ であるから $\dfrac{(\log t)^a}{\sqrt{t}}\leq M$ ($t\geq e$) を満たす定数 $M=M(a)$ が存在する．よって，この範囲では

$$\frac{(\log t)^a}{t^2} \leq \frac{1}{t^{\frac{3}{2}}}\frac{(\log t)^a}{t^{\frac{1}{2}}} \leq M\frac{1}{t^{\frac{3}{2}}}$$

となり $\dfrac{(\log t)^a}{t^2}=O\left(\dfrac{1}{t^{\frac{3}{2}}}\right)$ $(t\to +\infty)$ である．よって題意の積分は存在する．

(ii) $X\geq e$ とする．$I(X)\equiv \displaystyle\int_e^X \dfrac{dt}{t(\log t)^a}$ において $s=\log t$ と変数変換すれば，$t=e^s$, $dt=e^s ds$ であるから

$$I(X) = \int_1^{\log X} \frac{ds}{s^a} \tag{1}$$

$X\to +\infty$ のとき $\log X\to +\infty$ であるから，(1)より $I(+\infty)$ が存在するための条件は $a>1$ であることがわかる．

(iii) まず，$a>1$ の場合を調べる．そのとき，

$$\frac{1}{t^a \log t} \leq \frac{1}{t^a} \quad (e\leq t) \tag{1}$$

であるから，$X\geq e$ のとき

$$\int_e^X \frac{dt}{t^a \log t} \leq \int_e^X \frac{dt}{t^a} = \int_e^\infty \frac{dt}{t^a} < +\infty$$

であり，$\displaystyle\int_e^\infty \dfrac{dt}{t^a \log t}$ は存在する．

一方，$0<a<1$ のときは，$0<a<a+\gamma<1$ を満たすような正数 γ を選ぶことができる．このとき

$$\frac{1}{t^a \log t} = \frac{1}{t^{a+\gamma}}\left(\frac{t^\gamma}{\log t}\right) \tag{2}$$

において，$\dfrac{t^\gamma}{\log t}\to +\infty$ $(t\to\infty)$ である．よって，十分大きな数 L を選び，$t\geq L$ では

$$\frac{t^\gamma}{\log t} \geq 1, \quad \text{したがって} \quad \frac{1}{t^a \log t} \geq \frac{1}{t^{a+\gamma}} \tag{3}$$

が成り立つようにすることができる．そうすると $0<\alpha+\gamma<1$ であるから
$$\int_L^\infty \frac{dt}{t^\alpha \log t} \geq \int_L^\infty \frac{1}{t^{\alpha+\gamma}} \cdot 1 dt = +\infty$$
となり $\int_e^\infty \frac{dt}{t^\alpha \log t} = \int_e^L \frac{dt}{t^\alpha \log t} + \int_L^\infty \frac{dt}{t^\alpha \log t} = +\infty$ がわかる．

残った場合は，$\alpha=1$ である．このときは，(ii)の吟味により発散である．

結局，$\alpha>1$ が題意の積分が存在する α の範囲である．

2.11 (i) $\alpha \leq 0$ のとき積分が発散することは明らかである．次に，$\alpha>0$ のとき
$$e^{-\frac{\alpha}{2}x}\sqrt{1+x} = O(x^{\frac{1}{2}})e^{-\frac{\alpha}{2}x} \to 0 \quad (x \to +\infty)$$
である．したがって，$e^{-\alpha x}\sqrt{1+x} = O(e^{-\frac{\alpha}{2}x})$，すなわち
$$0 < e^{-\alpha x}\sqrt{1+x} \leq Me^{-\frac{\alpha}{2}x} \quad (x \geq 0)$$
が成り立つような定数 M が存在する．一方，
$$\int_0^\infty Me^{-\frac{\alpha}{2}x}dx = M\frac{2}{\alpha} < +\infty$$
であるから，題意の積分は $\alpha>0$ のとき存在する．結局，$\alpha>0$ が求める条件である．

(ii) $\alpha \geq 0$ のとき $0 < e^{-\alpha x} \leq 1$ であるから，
$$\int_0^\infty e^{-\alpha x}\frac{dx}{1+x^2} \leq \int_0^\infty \frac{dx}{1+x^2} < +\infty$$
となり積分は存在する．一方，$\alpha<0$ とすれば，
$$e^{-\alpha x}\frac{1}{1+x^2} = e^{|\alpha|x}\frac{1}{1+x^2} \to +\infty \quad (x \to +\infty)$$
であるから題意の積分は発散する．したがって，$\alpha \geq 0$ が求める条件である．

(iii) $\int_0^\infty e^{-\alpha x}\frac{\cosh x}{1+x^2}dx$

$= \frac{1}{2}\int_0^\infty e^{-\alpha x}\frac{e^x + e^{-x}}{1+x^2}dx$

$= \frac{1}{2}\int_0^\infty e^{-(\alpha+1)x}\frac{dx}{1+x^2} + \frac{1}{2}\int_0^\infty e^{-(\alpha-1)x}\frac{dx}{1+x^2} \equiv I_1 + I_2 \quad (1)$

(1)の最後の行の2つの積分 I_1, I_2 の被積分関数は共に正である．したがって，題意の積分が存在するのは I_1, I_2 が共に存在するときである．すなわち，(ii)の結果を用いて，
$$\alpha+1 \geq 0 \quad \text{かつ} \quad \alpha-1 \geq 0$$
が成り立つような α の範囲，すなわち，$\alpha \geq 1$ が求める範囲である．

2.12 (i) $t = \sqrt{k}x$ により変数を変換し，

$$\int_0^\infty e^{-kx^2}dx = \int_0^\infty e^{-t^2}\frac{1}{\sqrt{k}}dt = \frac{1}{2}\sqrt{\frac{\pi}{k}}$$

(ii) $\quad \int_0^\infty xe^{-kx^2}dx = \frac{1}{(-2k)}\int_0^\infty \frac{d}{dx}e^{-kx^2}dx = \frac{1}{2k}$

(iii) $\quad \int_0^\infty x^2 e^{-kx^2}dx = \int_0^\infty x\cdot xe^{-kx^2}dx$

$$= \left[x\frac{e^{-kx^2}}{-2k}\right]_0^\infty + \frac{1}{2k}\int_0^\infty e^{-kx^2}dx = \frac{1}{4k}\sqrt{\frac{\pi}{k}}$$

[別解] $kx^2 = t$ と変数変換すると

$$\int_0^\infty x^2 e^{-kx^2}dx = \int_0^\infty \frac{t}{k}e^{-t}\frac{dt}{2\sqrt{k}\sqrt{t}} = \frac{1}{2k\sqrt{k}}\int_0^\infty t^{\frac{1}{2}}e^{-t}$$

$$= \frac{1}{2k\sqrt{k}}\Gamma\left(\frac{3}{2}\right) = \frac{1}{2k\sqrt{k}}\frac{1}{2}\Gamma\left(\frac{1}{2}\right) = \frac{\sqrt{\pi}}{4k\sqrt{k}}$$

2.13 $I = \int_0^\infty \frac{\sin t}{t^a}dt = \int_0^\pi \frac{\sin t}{t^a}dt + \int_\pi^\infty \frac{\sin t}{t^a}dt \equiv I_1 + I_2$

とおく．I_1 に関しては

$$\frac{\sin t}{t^a} = \frac{\sin t}{t}\frac{1}{t^{a-1}} = O\left(\frac{1}{t^{a-1}}\right) \quad (t \to +0)$$

と $a-1 < 1$ であることから，その存在がわかる．

一方，I_2 に関しては，X, Y を $X < Y$ を満たす十分大きな正数とするとき

$$\int_X^Y \frac{\sin t}{t^a}dt = \left[\frac{-\cos t}{t^a}\right]_X^Y + \int_X^Y \cos t\left(-a\frac{1}{t^{a+1}}\right)dt$$

$$= \frac{\cos X}{X^a} - \frac{\cos Y}{Y^a} - a\int_X^Y \frac{\cos t}{t^{a+1}}dt$$

と変形する．$X, Y \to \infty$ のとき

$$\frac{\cos X}{X^a} - \frac{\cos Y}{Y^a} \to 0,$$

$$\left|\int_X^Y \frac{\cos t}{t^{a+1}}dt\right| \leq \int_X^Y \frac{dt}{t^{a+1}} = \frac{1}{a}\left(\frac{1}{X^a} - \frac{1}{Y^a}\right) \to 0$$

が，$a > 0$ によって成り立つことを用いれば

$$\int_X^Y \frac{\sin t}{t^a}dt \to 0 \quad (X, Y \to +\infty)$$

が得られ，Cauchy の判定条件から I_2 の存在がわかる．よって，I_2 の存在が示された．

つぎに，$J = \int_0^\infty \sin(x^\beta)dx$ とおく．$\beta > 0$ であるから，$x \to +0$ のときの被積分関数の振る舞いに問題はない．そこで，$J_1 = \int_1^\infty \sin(x^\beta)dx$ の存在条件を調べる．その

ために，$t=x^\beta$ と変数変換を行えば

$$J_1 = \int_1^\infty (\sin t)\frac{1}{\beta}t^{\frac{1}{\beta}-1} = \frac{1}{\beta}\int_1^\infty \frac{\sin t}{t^{1-\frac{1}{\beta}}}dt$$

$\gamma=1-\dfrac{1}{\beta}$ とおこう．$\gamma>0$ のとき $\int_1^\infty \dfrac{\sin t}{t^\gamma}dt$ が存在することは，すぐ上に行った吟味からわかる．また $\gamma=0$ ならば，J_1 が存在しないことは，要点・補足2.3.1でみた．最後に $\gamma<0$ の場合は，$\gamma=-k\ (k>0)$ と書けば，n を自然数とするとき

$$\int_{2n\pi}^{(2n+1)\pi} t^k \sin t\,dt \geq (2n\pi)^k \int_{2n\pi}^{(2n+1)\pi} \sin t\,dt$$
$$= (2n\pi)^k \int_0^\pi \sin t\,dt = 2\cdot(2n\pi)^k \to +\infty \quad (n\to\infty)$$

となることから J_1 の発散がわかる（Cauchy の判定条件に反するので）．

結局，積分 J が存在するために正数 β が満たすべき条件は，$\gamma>0$，すなわち，$\beta>1$ である．

2.14 ヒントに与えられた等式の実数部分，虚数部分を取り

$$\int_0^\infty e^{-\alpha x}\cos x\,dx = \text{Re}\frac{1}{\alpha-i} = \text{Re}\left(\frac{\alpha+i}{\alpha^2+1}\right) = \frac{\alpha}{\alpha^2+1},$$
$$\int_0^\infty e^{-\alpha x}\sin x\,dx = \text{Im}\frac{1}{\alpha-i} = \text{Im}\left(\frac{\alpha+i}{\alpha^2+1}\right) = \frac{1}{\alpha^2+1}.$$

これらを用いると

$$\lim_{\alpha\to+0}\int_0^\infty e^{-\alpha x}\sin x\,dx = 1, \quad \lim_{\alpha\to+0}\int_0^\infty e^{-\alpha x}\cos x\,dx = 0.$$

2.15 (i) $I=\int_0^a (a^2-x^2)^p x^q dx$ において，$x=at$ と変換すれば，$I=\int_0^1 (a^2-a^2t^2)^p (at)^q a\,dt = a^{2p+q+1}\int_0^1 (1-t^2)^p t^q dt$．さらに，$t^2=s$ と変換すれば，

$$\int_0^1 (1-t^2)^p t^q dt = \int_0^1 (1-s)^p s^{\frac{q}{2}}\frac{1}{2}s^{-\frac{1}{2}}ds = \frac{1}{2}\int_0^1 (1-s)^p s^{\frac{q}{2}-\frac{1}{2}}ds$$
$$= \frac{1}{2}B\left(p+1, \frac{q}{2}+\frac{1}{2}\right)$$

よって，$I=\dfrac{a^{2p+q+1}}{2}B\left(p+1, \dfrac{q+1}{2}\right)$

(ii) $J=\int_a^b (b-x)^{p-1}(x-a)^{q-1}dx$ とおく．$t=\dfrac{x-a}{b-a}$ すなわち $x=a+(b-a)t$ と変数変換すれば，$b-x=(b-a)(1-t)$, $x-a=(b-a)t$ であるから

$$J = \int_0^1 (b-a)^{p-1}(1-t)^{p-1}(b-a)^{q-1}t^{q-1}(b-a)dt$$
$$= (b-a)^{p+q-1}\int_0^1 (1-t)^{p-1}t^{q-1}dt = (b-a)^{p+q-1}B(p,q)$$

2.16 (i) $I=\int_0^\pi \sin^p x \cos^q\left(\dfrac{x}{2}\right)dx$ とおく．$\cos\dfrac{x}{2}=t$ と変数変換すれば，$x=0$,

π はそれぞれ $t=1, 0$ に写像される．また，次の等式が成り立つ．

$$\sin\frac{x}{2} = \sqrt{1-\cos^2\frac{x}{2}} = (1-t^2)^{\frac{1}{2}}$$

$$\sin x = 2\sin\frac{x}{2}\cos\frac{x}{2} = 2t(1-t^2)^{\frac{1}{2}}$$

$$dx = -2\frac{dt}{\sin\frac{x}{2}} = -2(1-t^2)^{-\frac{1}{2}}dt$$

よって

$$I = \int_1^0 2^p t^p (1-t^2)^{\frac{p}{2}} t^q (-1) 2 (1-t^2)^{-\frac{1}{2}} dt$$

$$= 2^{p+1} \int_0^1 (1-t^2)^{\frac{p}{2}-\frac{1}{2}} t^{p+q} dt$$

ここで，さらに $t^2=s$ と変数変換すれば

$$I = 2^{p+1} \int_0^1 (1-s)^{\frac{p}{2}-\frac{1}{2}} s^{\frac{p+q}{2}} \frac{1}{2} s^{-\frac{1}{2}} ds$$

$$= 2^p \int_0^1 (1-s)^{\frac{p}{2}-\frac{1}{2}} s^{\frac{p+q}{2}-\frac{1}{2}} ds = 2^p B\left(\frac{p}{2}+\frac{1}{2}, \frac{p+q}{2}+\frac{1}{2}\right)$$

$$= 2^p B\left(\frac{p+1}{2}, \frac{p+q+1}{2}\right)$$

(ii) まず，$x=2y$ と変数変換を行えば

$$J \equiv \int_0^\infty \frac{x^p}{(2+x)^{p+q+1}} dx = \int_0^\infty \frac{2^p y^p}{2^{p+q+1}(1+y)^{p+q+1}} 2dy$$

$$= \frac{1}{2^q} \int_0^\infty \frac{y^p}{(1+y)^{p+q+1}} dy = \frac{1}{2^q} \int_0^\infty \frac{y^{(p+1)-1}}{(1+y)^{(p+1)+q}} \qquad (1)$$

(1)の積分と(2.4.25)を比較して(あるいは，そこでの計算を再実行して)，次の結果が得られる．

$$J = \frac{1}{2^q} B(p, q)$$

欧文索引

γ 近傍 42
$\varepsilon\delta$ 論法 44
εN 論法 52
Cauchy の判定条件 60, 119
Cauchy の平均値の定理 80
Dirichlet 核 128
Euler の公式 94
for all 記号 5
Landau の記号 11, 13
Leibniz の公式 71
L'Hospital の定理 85

Maclaurin 展開 91
n 次導関数 69
Riemann 和 130
Riemann-Lebesgue の定理 139
Rolle の定理 80
Schwarz の不等式 139
Taylor 展開 91
Taylor の定理 88
there exist 記号 5
Weierstrass の定理 58

和文索引

ア 行

一様連続 50
上に有界 11
　――な集合 13
右方極限値 18
円関数 30

カ 行

開区間 6
階段関数 32
下界 11, 13
下極限 59
各点収束 32
下限 9, 14
　――の存在 15
片側極限値 47
片側微分係数 68
片側連続性 48

片開きの区間 6
下端 103
関数の極限 39
関数のクラス 75
関数の増減 81
奇関数 2
基本周期 33
逆関数 35, 74
　――の微分の公式 36
逆三角関数 34
極小 82
極大 82
極値 82
近似和 130, 131
近傍 42
　――で有界 46
偶関数 3
区間 6
　――の長さ 6

組合せ数　71
原始関数　104
高位の無限小　11
広義(定)積分　114
高次導関数　69
合成関数　73

サ行

最小値　3, 14
最小の上界　8
最大値　3, 14
最大値・最小値存在の定理　19
最大の下界　9
左方極限値　18
三角関数　32
　——の極限値　39
指数関数　20
　——的減少　26
　——的増大　26
　——の極限値　40
自然対数　25
　——の底　21
下に有界　11
　——な集合　13
自変数　4
周期関数　33
集積値　58
集積点　58
収束　57
収束する　114
縮小写像の原理　84
主値　116
上界　11, 13
上極限　59
上限　8, 14
　——の存在　15
条件収束　66
上端　103

商の微分の公式　3
剰余項　89
数列の極限　52
正弦曲線　34
成長曲線　28
積分可能　132
積分区間　103
積分定数　104
積分の平均値の定理　112
積分変数　104
絶対収束級数　66
漸近挙動　11
漸近線　11
全称記号　5
増加関数　10
双曲正弦関数　28
双曲正接関数　29
双曲線関数　28
双曲余弦関数　28
存在しない　114

タ行

ダミー　5
単関数　32
単調有界数列の収束　60
値域　4
置換積分の公式　109
逐次代入法　83
中間値の定理　19
低位の無限大　11
定義域　2, 4
定積分　103
定発散　47
定符号　10
導関数　67
同程度以下の無限大　12
同程度以上の無限小　12
等比数列　52

特異性　18
特称記号　5
凸関数　85

ナ 行

滑らかである　76
2次導関数　69

ハ 行

発散　47, 114
反復法　83
被積分関数　103
左側微分係数　68
左連続　18
微分可能　67
微分係数　67
符号関数　31
不定形の極限値　84
不定積分　104
不動点　83
部分積分法　108
部分列　57
不連続　18
分数関数　2
平均値　112

平均値の定理　79
閉区間　6
ベキ級数　91

マ 行

右側微分係数　68
右連続　18
無限遠での極限値　48
無限区間　7
無限等比級数　52

ヤ 行

有界　11
　――区間　7
　――な集合　13
優級数　65
　――の定理　65
有限区間　7
有理関数　2

ラ 行

連続　18
　――関数　18
　――性　41

■岩波オンデマンドブックス■

理解から応用へ
大学での微分積分 I

	2003年 2月25日　第 1 刷発行
	2008年 8月25日　第 5 刷発行
	2019年10月10日　オンデマンド版発行

著　者　　藤田　宏(ふじた　ひろし)

発行者　　岡本　厚

発行所　　株式会社　岩波書店
　　　　　〒101-8002　東京都千代田区一ツ橋 2-5-5
　　　　　電話案内　03-5210-4000
　　　　　https://www.iwanami.co.jp/

印刷／製本・法令印刷

© Hiroshi Fujita 2019
ISBN 978-4-00-730937-3　　Printed in Japan